南沙群岛造礁石珊瑚

黄晖 江雷 袁涛 刘胜 著

科学出版社
北京

内 容 简 介

本书聚焦南沙群岛造礁石珊瑚的多样性，首先论述了石珊瑚分类学研究历史和基础，明确了被学界广泛认可的最新的石珊瑚分类体系，随后依据分类系统对南沙群岛造礁石珊瑚的形态特征逐一进行描述，同时结合水下生态照片展示其典型形态特征。本书共记录造礁石珊瑚324种，隶属14科70属（3属未定科），其中33种为中国新纪录种。

本书可作为海洋生态学、海洋生物学等领域研究人员的工具书，为造礁石珊瑚分类提供专业参考和依据，也可以作为科普读物向公众展示南沙群岛的石珊瑚。

图书在版编目（CIP）数据

南沙群岛造礁石珊瑚/黄晖等著.—北京：科学出版社，2021.3
ISBN 978-7-03-065739-8

Ⅰ.①南… Ⅱ.①黄… Ⅲ.①南沙群岛–石珊瑚目–介绍 Ⅳ.①Q959.135.3

中国版本图书馆CIP数据核字（2020）第134297号

责任编辑：王海光　王　好／责任校对：郑金红／责任印制：肖　兴
书籍设计：北京美光设计制版有限公司

科学出版社 出版
北京东黄城根北街16号
邮政编码：100717
http://www.sciencep.com

北京汇瑞嘉合文化发展有限公司 印刷
科学出版社发行　各地新华书店经销

*

2021年3月第　一　版　　开本：889×1194　1/16
2021年3月第一次印刷　　印张：16
字数：518 000

定价：298.00元

（如有印装质量问题，我社负责调换）

前 言

以造礁珊瑚为框架的珊瑚礁生态系统是热带亚热带海洋最突出、最具有代表性的生态系统，被誉为"海洋中的热带雨林"。现代珊瑚礁生态系统具有非常重要的社会经济价值和生态学功能，然而珊瑚礁生态系统非常脆弱，极易受到人类活动和自然变化的影响，是目前受威胁最严重的海洋生态系统之一，长期以来备受海洋科学家的关注。

我国珊瑚礁主要分布在华南沿海、海南岛和南海诸岛等地，珊瑚岛礁是南海最重要的地质、地貌和生态系统，也是我国南海唯一的陆地类型。南沙群岛位于我国南海疆域的最南端，全部属于珊瑚礁地貌，岛礁沙滩星罗棋布，岛礁周边的珊瑚礁属于典型的热带大洋型珊瑚礁，以岛礁和环礁为主，南沙岛礁具有极其重要的经济价值和生态服务功能，同时也是我国华南沿海和海南岛造礁石珊瑚的发源地。

造礁石珊瑚是珊瑚礁生态系统的框架生物，认识和了解石珊瑚的种类和多样性是研究和保护珊瑚及珊瑚礁的基础，对中国造礁石珊瑚分类的系统研究，最早是邹仁林（1975）对海南浅水石珊瑚分类进行描述，而后邹仁林（2001）在《中国动物志 腔肠动物门 珊瑚虫纲 石珊瑚目 造礁石珊瑚》中收录了我国造礁石珊瑚14科54属174种；2009年，台湾学者戴昌凤和洪圣雯的《台湾石珊瑚志》共记录台湾岛及其邻近岛屿、东沙群岛和南沙太平岛等地的造礁石珊瑚12科65属281种。近年来，由于分子生物学的发展和广泛应用，石珊瑚的分子系统学取得了许多重要的突破和进展，最新研究在结合基因序列和骨骼微尺度形态的基础上对石珊瑚科级阶元到物种界定做了诸多修订，且形成了最新的石珊瑚分类系统，这些已得到了学界的共识。

笔者从2015年开始对南沙各岛礁开展了多次广泛而深入的珊瑚礁生态本底调查，拍摄了水下珊瑚生态照片数万张，同时采集了部分珊瑚骨骼样品，并参考了国内外石珊瑚分类学的最新文献和研究成果，系统地总结和梳理了南沙群岛造礁石珊瑚的分类学特征和物种多样性。本书共记录造礁石珊瑚324种，隶属14科70属（3属未定科），其中33种为中国新纪录种。本书是至今有关中国南沙群岛造礁石珊瑚分类和多样性最为全面的原创性专著，内容翔实丰富，对南沙群岛珊瑚礁的研究和保护具有重要的指导意义，同时有助于推动我国珊瑚礁学科的发展和进步。

黄 晖

2020年8月

致　谢

本书的出版得到中国科学院战略性先导科技专项（A 类）（XDA13020100、XDA13020400）的支持和资助。特别感谢戴昌凤教授、杨剑辉老师和黄林韬在本书编写过程中提供诸多帮助，同时感谢水下摄影师邹剑飞提供部分照片！最后向以下参与野外调查及书稿校对的工作人员致以最衷心的感谢！

（按姓氏笔画排序）

孙有方　李秀保　张　琛　林先智　郑作胜
练文科　练健生　袁翔城　黄　升　雷新明

目 录

前言   i
致谢   iii

总 论

一、珊瑚礁生态系统和造礁石珊瑚   2
二、造礁石珊瑚分类学研究历史   3
三、石珊瑚分类学基础   3
四、石珊瑚分类系统和系统演化   7
五、南沙群岛造礁石珊瑚多样性研究历史   9

各 论

鹿角珊瑚科 Acroporidae Verrill, 1902   12
    鹿角珊瑚属 *Acropora* Oken, 1815   13
    穴孔珊瑚属 *Alveopora* Blainville, 1830   52
    假鹿角珊瑚属 *Anacropora* Ridley, 1884   53
    星孔珊瑚属 *Astreopora* Blainville, 1830   54
    同孔珊瑚属 *Isopora* Studer, 1879   58
    蔷薇珊瑚属 *Montipora* Blainville, 1830   60

菌珊瑚科 Agariciidae Gray, 1847   78
    西沙珊瑚属 *Coeloseris* Vaughan, 1918   79
    加德纹珊瑚属 *Gardineroseris* Scheer & Pillai, 1974   79
    薄层珊瑚属 *Leptoseris* Milne Edwards & Haime, 1849   80
    厚丝珊瑚属 *Pachyseris* Milne Edwards & Haime, 1849   86
    牡丹珊瑚属 *Pavona* Lamarck, 1801   88

木珊瑚科 Dendrophylliidae Gray, 1847   94
    陀螺珊瑚属 *Turbinaria* Oken, 1815   95

真叶珊瑚科 Euphylliidae Veron, 2000   99
    真叶珊瑚属 *Euphyllia* Dana, 1846   100

纹叶珊瑚属 *Fimbriaphyllia* Veron & Pichon, 1980 　　101

盔形珊瑚属 *Galaxea* Oken, 1815 　　102

滨珊瑚科 Poritidae Gary, 1842 　　105

伯孔珊瑚属 *Bernardpora* Kitano & Fukami, 2014 　　106

角孔珊瑚属 *Goniopora* de Blainville, 1830 　　107

滨珊瑚属 *Porites* Link, 1807 　　112

星群珊瑚科 Astrocoeniidae Koby, 1889 　　122

帛星珊瑚属 *Palauastrea* Yabe & Sugiyama, 1941 　　123

柱群珊瑚属 *Stylocoeniella* Yabe & Sugiyama, 1935 　　123

筛珊瑚科 Coscinaraeidae Benzoni, Arrigoni, Stefani & Stolarski, 2012 　　125

筛珊瑚属 *Coscinaraea* Milne Edwards & Haime, 1848 　　126

双星珊瑚科 Diploastreidae Chevalier & Beauvais, 1987 　　128

双星珊瑚属 *Diploastrea* Matthai, 1914 　　129

石芝珊瑚科 Fungiidae Dana, 1846 　　130

梳石芝珊瑚属 *Ctenactis* Verrill, 1864 　　131

圆饼珊瑚属 *Cycloseris* Milne Edwards & Haime, 1849 　　132

刺石芝珊瑚属 *Danafungia* Wells, 1966 　　133

石芝珊瑚属 *Fungia* Lamarck, 1801 　　135

帽状珊瑚属 *Halomitra* Dana, 1846 　　136

辐石芝珊瑚属 *Heliofungia* Wells, 1966 　　136

绕石芝珊瑚属 *Herpolitha* Eschscholtz, 1825 　　137

石叶珊瑚属 *Lithophyllon* Rehberg, 1892 　　137

叶芝珊瑚属 *Lobactis* Verrill, 1864 　　139

侧石芝珊瑚属 *Pleuractis* Verrill, 1864 　　140

足柄珊瑚属 *Podabacia* Milne Edwards & Haime, 1849 　　141

多叶珊瑚属 *Polyphyllia* Blainville, 1830 　　142

履形珊瑚属 *Sandalolitha* Milne Edwards & Haime, 1849 　　143

叶状珊瑚科 Lobophylliidae Dai & Horng, 2009 　　144

棘星珊瑚属 *Acanthastrea* Milne Edwards & Haime, 1849 　　145

缺齿珊瑚属 *Cynarina* Brüggemann, 1877 　　147

刺叶珊瑚属 *Echinophyllia* Klunzinger, 1879 　　148

同叶珊瑚属 *Homophyllia* Brüggemann, 1877 　　151

叶状珊瑚属 *Lobophyllia* de Blainville, 1830 　　152

小褶叶珊瑚属 *Micromussa* Veron, 2000 　　158

尖孔珊瑚属 *Oxypora* Saville Kent, 1871 　　159

拟刺叶珊瑚属 *Paraechinophyllia* Arrigoni, Benzoni & Stolarski, 2019 　　161

裸肋珊瑚科 Meruliniidae Verrill, 1865 — 162
 圆星珊瑚属 *Astrea* Lamarck, 1801 — 163
 干星珊瑚属 *Caulastraea* Dana, 1846 — 164
 腔星珊瑚属 *Coelastrea* Verrill, 1866 — 165
 刺星珊瑚属 *Cyphastrea* Milne Edwards & Haime, 1848 — 166
 盘星珊瑚属 *Dipsastraea* Blainville, 1830 — 169
 刺孔珊瑚属 *Echinopora* Lamarck, 1816 — 177
 角蜂巢珊瑚属 *Favites* Link, 1807 — 181
 菊花珊瑚属 *Goniastrea* Milne Edwards & Haime, 1848 — 186
 刺柄珊瑚属 *Hydnophora* Fischer von Waldheim, 1807 — 189
 肠珊瑚属 *Leptoria* Milne Edwards & Haime, 1848 — 191
 裸肋珊瑚属 *Merulina* Ehrenberg, 1834 — 192
 斜花珊瑚属 *Mycedium* Milne Edwards & Haime, 1851 — 193
 耳纹珊瑚属 *Oulophyllia* Milne Edwards & Haime, 1848 — 194
 拟菊花珊瑚属 *Paragoniastrea* Huang, Benzoni & Budd, 2014 — 196
 拟圆菊珊瑚属 *Paramontastraea* Huang & Budd, 2014 — 197
 梳状珊瑚属 *Pectinia* Blainville, 1825 — 197
 囊叶珊瑚属 *Physophyllia* Duncan, 1884 — 199
 扁脑珊瑚属 *Platygyra* Ehrenberg, 1834 — 199
 葶叶珊瑚属 *Scapophyllia* Milne Edwards & Haime, 1848 — 205

同星珊瑚科 Plesiastreidae Dai & Horng, 2009 — 206
 同星珊瑚属 *Plesiastrea* Milne Edwards & Haime, 1848 — 207

杯形珊瑚科 Pocilloporidae Gary, 1842 — 208
 杯形珊瑚属 *Pocillopora* Lamarck, 1816 — 209
 排孔珊瑚属 *Seriatopora* Lamarck, 1816 — 213
 柱状珊瑚属 *Stylophora* Schweigger, 1820 — 214

沙珊瑚科 Psammocoridae Chevalier & Beauvais, 1987 — 216
 沙珊瑚属 *Psammocora* Dana, 1846 — 217

未定科 incertae sedis — 220
 小星珊瑚属 *Leptastrea* Milne Edwards & Haime, 1849 — 221
 鳞泡珊瑚属 *Physogyra* Milne Edwards & Haime, 1848 — 224
 泡囊珊瑚属 *Plerogyra* Quelch, 1884 — 225

主要参考文献 — 226
附录：南沙群岛造礁石珊瑚名录 — 230
中文名索引 — 239
拉丁名索引 — 242

总 论

南沙群岛造礁石珊瑚

一、珊瑚礁生态系统和造礁石珊瑚

珊瑚礁作为热带亚热带最突出的代表性海洋生态系统，素有"海洋热带雨林"的美誉，是地球上生产力和生物多样性最高的海洋生态系统之一，珊瑚礁生态系统主要分布在南北纬30°之间的热带亚热带海区，全球珊瑚礁总面积达 $2.8 \times 10^5 \sim 6 \times 10^5 \text{ km}^2$（Spalding et al., 2001）。珊瑚礁是一个地质学概念，指以刺胞动物门石珊瑚的碳酸钙骨骼为主体，与珊瑚藻、仙掌藻、软体动物外壳及有孔虫等钙化生物堆积形成的一种岩石体结构，这个结构可以影响其周围的物理和生态环境，以此为依托发育而成的生物群落和其所处生态环境统称为珊瑚礁生态系统。由于用语习惯我们日常讲的珊瑚礁多指代珊瑚礁生态系统。珊瑚礁生态系统每年提供的直接经济价值接近300亿美元，此外还为人类社会提供了无法估量的生态服务功能，包括维持海洋生态平衡、渔业资源再生、生态旅游观光、海洋药物开发及海岸线保护等，同时还具有记录海洋环境气候变化的功能（Moberg and Folke, 1999；Cesar et al., 2003；Spalding et al., 2001）。

造礁石珊瑚（hermatypic/reef-building scleractinian coral）是珊瑚礁生态系统的框架生物，在生物分类学上隶属于刺胞动物门 Cnidaria 珊瑚虫纲 Anthozoa 六放珊瑚亚纲 Hexacorallia 石珊瑚目 Scleractinia（邹仁林，2001）。造礁石珊瑚是从生态学意义而非分类学角度划分出的一个类群，其典型基本特征是珊瑚-虫黄藻的互利共生关系和钙化，主要生活在温暖、贫营养、透明度高的热带及亚热带浅海，对珊瑚礁礁体形成和生境的构建贡献巨大（Yonge, 1973）。从组成上来看，造礁石珊瑚是一个极其复杂的共生体系，称为共生功能体/全功能体（holobiont），除珊瑚虫和其内胚层细胞内共生的单细胞虫黄藻之外，还包括众多其他的共附生微生物，如细菌、真菌、病毒等（Bourne et al., 2016）。造礁石珊瑚对生存环境的水温要求严格，合适生长温度范围是 $20 \sim 28$℃，正常情况下虫黄藻光合作用可以完全满足珊瑚宿主的能量需求并促进珊瑚钙化，而钙化所形成的碳酸钙骨骼形态多样，构建起珊瑚礁生态系统复杂的三维空间结构，为许多海洋生物提供了产卵、繁殖、栖息和庇护的场所（Paulay, 1997；邹仁林，2001）。

全球范围内的造礁石珊瑚主要有两大分布区系，即大西洋-加勒比区系（Atlantic-Carribean fauna）和印度-太平洋区系（Indo-Pacific fauna），两个海区的石珊瑚物种和群落在演化过程中形成了两个截然不同的区系，主要体现在石珊瑚物种多样性的差异，其中大西洋-加勒比区系约有70种造礁石珊瑚，而印度-太平洋区系大约有1200种，而且两个区系均有许多种类是地方特有种（Veron et al., 2015）。我国南海珊瑚礁是印度-太平洋区系的重要组成部分（Huang et al., 2015），经过文献整理共记录造礁石珊瑚445种，约占印度-太平洋区系石珊瑚总数的三分之一（黄林韬等，2020）。

我国珊瑚礁主要分布在华南大陆、海南岛和台湾岛的沿岸及南海诸岛，从接近赤道的曾母暗沙（约4°N），到南海北部的涠洲岛（约21°N）和台湾南岸恒春半岛（24°N）均有分布，南海珊瑚礁位于世界海洋生物多样性最高的"珊瑚礁三角区"（coral triangle）的北缘，总面积约 2450 km^2（Hughes et al., 2012）。按地理位置和环境特征，我国珊瑚礁可以划分为南沙群岛、西沙群岛、中沙群岛、东沙群岛、海南岛、台湾岛和华南大陆沿岸等七大区域，包括环礁、台礁和岸礁等多种类型（余克服，2018）。南海珊瑚礁对我国海洋自然资源与环境、社会经济发展和科学研究均具有重要价值，尤其是南海诸岛海域的珊瑚礁，更具有重要的国家战略意义。

近几十年，在气候变化和人类活动的双重影响下，世界范围内的珊瑚礁出现了严重的退化，全球珊瑚覆盖率逐年下降。据世界珊瑚礁监测网和世界珊瑚礁状况报告显示，全球有将近20%的珊瑚礁已经被彻底摧毁，而且没有恢复迹象，另外还有35%的珊瑚礁面临着来自气候变化和人类活动的严重威胁（Gardner et al., 2005；Bellwood et al., 2004；Wilkinson, 2008）。在当今全球珊瑚礁急剧退化的大环境下，南海珊瑚礁也未能幸免，由于人类活动的破坏和污染，我国广东、广西和海南沿岸的近岸珊瑚礁在过去的30年中其活珊瑚覆盖率下降了80%（Hughes et al., 2012），而南海岛礁周边珊瑚礁生态系统尽管受污染影响较小，但由于长期过度捕捞、破坏性渔业和长棘海星暴发的影响，活珊瑚平均覆盖率近 20 年从 60% 降低至现今的 15% 左右（李元超等，2019）。在人类活动和气候变化的双重威胁之下，预计全球有将近三分之一的石珊瑚物种面临灭绝的风险（Carpenter et al., 2008），在这一背景下，造礁石珊瑚的分类学和多样性研究对于珊瑚礁生态系统的保育至关重要（Veron, 2013）。

二、造礁石珊瑚分类学研究历史

自卡尔·冯·林奈之后，石珊瑚分类学就引起了地质学家和生物学家的广泛关注，Linnaeus（1758）将珊瑚称为植虫（zoophyte）且归为动物界的石灰质生物，并分为四大类：Medrepora、Millepora、Tubipora 和 Heliopora。自林奈提出双名法以来，石珊瑚分类学在 19 世纪和 20 世纪蓬勃发展，至今仍方兴未艾。历史上石珊瑚分类研究可以分为三个阶段：①探索阶段，其中的代表文献有 Lamarck（1816）、Dana（1846）、Milne Edwards 和 Haime（1857～1860）、Quelch（1886）、Brook（1893）、Bernard（1896, 1897, 1903）和 Crossland（1952）；②起步阶段，首次建立分类和系统发育体系，代表文献包括 Vaughan 和 Wells（1943）及 Wells（1956），这些综述奠定了石珊瑚分类系统学的基础；③发展阶段，其中做出重要贡献的有 Veron 和 Pichon（1976, 1980, 1982）、Veron 等（1977）、Veron 和 Wallace（1984）、Veron（1986, 2000）和 Wallace（1999），其中 Veron（1986, 2000）和 Wallace（1999）代表着石珊瑚分类学研究的第二次集成，上述著作是现今石珊瑚分类学的重要参考依据。

近 20 年，随着分子生物学在石珊瑚分类中的广泛应用，造礁石珊瑚分类学迎来了巨大的变革和挑战，其中的先驱和代表人物是 Romano 和 Palumbi，他们通过线粒体 16S RNA 将造礁石珊瑚分为复杂（complex）和坚实（robust）两个类群（Romano and Palumbi, 1996, 1997）；Fukami 等（2008）基于线粒体基因（细胞色素氧化酶 I 和细胞色素 b）和核基因（β 微管蛋白和 rDNA）的序列分析再次支持了该分类方式，而且发现石珊瑚原先根据形态学定义的许多科都是多重起源，这对石珊瑚传统分类学提出了挑战；随后，不断有学者结合微观形态学和分子生物学针对石珊瑚种间形态界限模糊这一问题展开研究，对一些分类阶元和同物异名现象做出了诸多修订，其中的代表学者和文献有 Arrigoni 等（2014a, 2014b, 2016, 2019）、Benzoni 等（2010, 2012a, 2012b, 2014）、Budd 等（2012）、Huang 等（2014a, 2014b, 2016）和 Kitahara 等（2016），这些研究结果得到了学界的广泛认同，说明石珊瑚分类学在新时代取得了长足的进步和发展，基因序列分析为传统形态分类提供了一个强大补充，两者结合不仅可以解决以前分类学悬而未决的许多问题，也推动了对传统分类学的重新认识与思考。

三、石珊瑚分类学基础

石珊瑚营单体或群体生活，但多数为群体性，其基本组成单元为水螅体（polyp），又称珊瑚虫。肉质的水螅体居于一个杯状的骨骼之内，称为珊瑚杯（corallite），多数珊瑚的珊瑚杯比较小，直径 1～10 mm，不同珊瑚杯之间通过共肉相连组成群体；单体珊瑚的水螅体直径最大可达 50 cm，且多为自由生活类型。石珊瑚水螅体不断进行无性出芽生殖（asexual budding）从而形成群体（图 1），当珊瑚杯从中间部位一分为二时称之为内触手芽生殖（intra-tentacular budding），当新生水螅体出现在原始珊瑚杯周围时称之为外触手芽生殖（extra-tentacular budding，图 1）。一个珊瑚群体通常由数千个基因型相同且相互关联的水螅体形成，然而近年来有研究发现石珊瑚存在群体内基因型变异现象（intra-colonial genetic variability），其原因是群体形成过程中不同基因型之间发生嵌合（chimerism）或局部组织发生基因突变（Schweinsberg et al., 2015）。

珊瑚水螅体结构比较简单（图 2），常由一圈触手和管状的身体和体腔组成，触手围绕的口盘位置中部有一

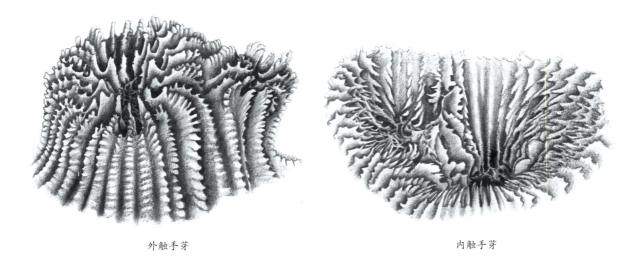

外触手芽　　　　　　　　　　　　内触手芽

图1　石珊瑚无性生殖方式（仿 Veron, 1986）

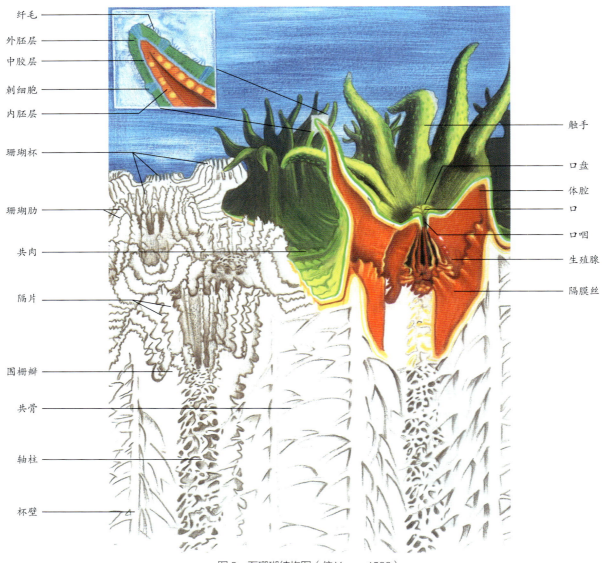

图2　石珊瑚结构图（仿 Veron, 1986）

狭长的口，触手通常可以伸缩，其上有刺细胞用于捕食；食物的摄入和废弃物的排出均通过口，体腔也称为消化循环腔。内胚层向身体中央延伸形成辐射状的隔膜，隔膜内缘常形成隔膜丝，司防御、捕食和消化的功能，同时也是有性生殖过程中性腺发育的位置。尽管珊瑚水螅体的结构很简单，其下的骨骼结构却极其精细复杂，是石珊瑚分类鉴定的主要依据。水螅体之下对应的硬质石灰质骨骼部分称为珊瑚杯，每个珊瑚杯内有多个垂直的竖板，称为隔片（septa）；珊瑚杯中心部位的结构称为轴柱（columella），珊瑚杯最外围的一圈是杯壁（wall/theca），隔片越过珊瑚杯壁向外延伸形成珊瑚肋（costae）。一些珊瑚隔片内缘末端加厚形成突起或刺状结构并围成冠状，这一结构称为围栅瓣（paliform lobe）。珊瑚杯之间通过横板相连，这部分骨骼为共骨（coenosteum），其上的组织则为共肉（coenosarc）。

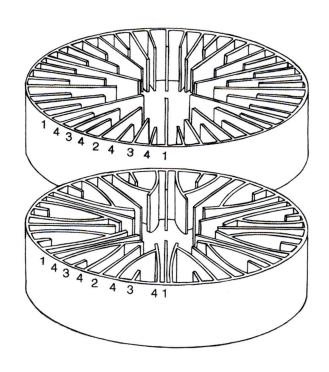

图 3　石珊瑚隔片发育轮次与排列（仿 Veron, 1993）

隔片形态、轮数及其上的装饰是石珊瑚分类的重要特征，隔片通常有多轮，其中第一轮隔片通常最长也发育最为良好，在相邻第一轮隔片中间发育有第二轮隔片，在第二轮隔片的两侧分别发育有两个第三轮隔片，而第四轮隔片则位于第三轮隔片两侧，第二至第四轮隔片通常长度逐渐减小（图 3 上）。隔片长和珊瑚的种类有关，通常以珊瑚杯半径为参考，如隔片长为 1/2 杯半径。在大多数珊瑚杯中，隔片长短和排列均按照上述方式，但有一种特殊情况为第四轮隔片越过第三轮隔片并发生融合从而包围第三轮隔片，此种隔片发育和排列方式称为 Pourtales（图 3 下）。

石珊瑚珊瑚杯的形态和排列方式是石珊瑚分类学的依据（图 4），当珊瑚杯具有各自独立的杯壁时称为融合形（plocoid）或笙形（phaceloid），笙形可以看作是融合形发生延长的特化；当相邻珊瑚杯共有杯壁时则称为多角形（cerioid），当相邻珊瑚杯联合形成弯曲的谷时则称为沟回形（meandroid），而当珊瑚杯形成谷且不共有杯壁时则为扇形 - 沟回形（flabello-meandroid）。

珊瑚群体的整体形态取决于珊瑚水螅体大小、生长速率、出芽方式及环境等因素。石珊瑚的生长型主要有团块状（massive）、柱状（columnar）、皮壳状（encrusting）、分枝状（branching）、叶状（foliaceous）、板状（laminar）和自由生活（free-living）（图 5）。现代石珊瑚最基本的分类依据是骨骼特征，石珊瑚科级以上分类阶元是根据古化石珊瑚的骨骼结构作为划分大类的依据，同时结合杯壁、隔片等结构的发育情况进行传统分类，通过扫描电子显微镜对古代和现代六放珊瑚骨骼微结构的研究，进一步证实了这种分类的意义和价值；属以下阶元的分类则是根据群体生长型、珊瑚杯的大小、形状、隔片轮数及附属装饰结构、无性出芽生殖的方式等来划定。

然而，石珊瑚的群体形态并不完全受基因型限制，其生长型常具有很强的环境可塑性（phenotypic plasticity），主要体现在三个层次：单个群体内的不同水螅体之间、一个地理种群内的不同群体之间及不同环境中的同种珊瑚群体之间的差异。有些生长在不同环境，形态差别很大的珊瑚可能是同一种珊瑚，因为光线和海浪强度会影响珊瑚的生长型，多生于礁顶的分枝状珊瑚，其分枝多短而粗壮，而生于平静水域的同种珊瑚的分枝多疏松而脆弱。石珊瑚生长型的高可塑性有助于其适应不同的环境，因此有关珊瑚的生境特征及分布、水深等信息也可以作为珊瑚鉴定的重要依据。

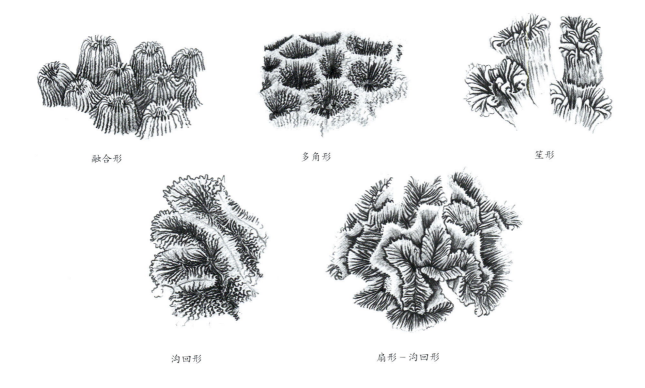

图 4　石珊瑚珊瑚杯排列方式（仿 Veron, 1993）

图 5　石珊瑚群体的生长型（仿 Veron, 1986）

四、石珊瑚分类系统和系统演化

石珊瑚化石记录可追溯至三叠纪中期，石珊瑚的系统发育假说是基于对古化石珊瑚和现代珊瑚骨骼特征的详细研究。Vaughan 和 Wells（1943）首次提出石珊瑚演化和系统发育的假说，随后由 Wells（1956）修订，成为现代石珊瑚分类系统最重要和详尽的基础和依据，该分类系统基于骨骼隔片小梁和隔片形状将石珊瑚分成 5 亚目，分别为星珊瑚亚目 Astreocoeniina、石芝珊瑚亚目 Fungiina、菊珊瑚亚目 Faviina、葵珊瑚亚目 Caryophylliina 和树珊瑚亚目 Dendrophylliina；基于杯壁形态和无性生殖出芽方式等特征划分为 33 科，其中 20 科为现存种。其中，三叠纪中期最为古老的珊瑚化石代表着最初的两个主枝，后逐渐分为 5 亚目，第一个主枝后独立进化为星珊瑚亚目，星珊瑚亚目包括了现今的 4 个科，其中最为著名的是被认为在进化上最为成功的鹿角珊瑚科 Acroporidae，主要是因为这个类群多是群体性珊瑚、珊瑚杯小且骨骼疏松多孔，生长迅速多形成大型群体；第二大主枝随后进化形成石芝珊瑚亚目、菊珊瑚亚目、葵珊瑚亚目和树珊瑚亚目，其中石芝珊瑚亚目和菊珊瑚亚目在三叠纪晚期发生分化，随后石芝珊瑚亚目在侏罗纪分出葵珊瑚亚目，而葵珊瑚亚目在白垩纪分出树珊瑚亚目，这 4 个亚目的种类囊括造礁和非造礁种类，但以造礁种类为主。

Veron（1995）在 Wells（1956）分类系统的基础上，根据古代和现生珊瑚骨骼结构、活体组织形态特征及动物地理学对造礁石珊瑚分类体系进行修正。Veron（1995）将石珊瑚目分为 13 亚目 59 科，其中有 7 亚目 24 科是现存的，这 7 个亚目包括 Wells（1956）的 5 个亚目以及滨珊瑚亚目 Poritiina 和 Meandriina，值得注意的是 Veron（1995）的修订并未涉及不同亚目和科之间的亲缘演化关系。

分子生物学的兴起和广泛应用为揭示石珊瑚的系统演化和分类提供了新的视角，同时也对传统形态学分类发起了挑战。Chen 等（1995）利用核糖体 DNA 研究造礁石珊瑚演化关系的结果支持了 Veron（1995）提出的新分类体系。Veron 等（1995）的分类体系得到了同行的广泛认可，《中国动物志 腔肠动物门 珊瑚虫纲 石珊瑚目 造礁石珊瑚》也采用该分类体系。然而，造礁石珊瑚的种内形态差异及普遍存在的造礁石珊瑚种间形态界限模糊现象（Carlon and Budd, 2002），使得 Veron（1995）的分类体系依然存在问题。

近年来，分子生物学和微观形态学在造礁石珊瑚物种分类中得到了广泛应用，Romano 和 Palumbi 分别于 1996 年和 1997 年基于线粒体 16S rDNA 序列的研究发现石珊瑚目可以划分为两大类群，即复杂系群（complex clade）和坚实系群（robust clade），这一结果与基于传统形态学的亚目分类并不一致，其中坚实系群主要为骨骼相对致密坚固、钙化程度高的珊瑚，其珊瑚杯壁由隔片鞘或副鞘形成，群体多为板状或团块状，无性出芽方式多为内触手芽；复杂系群钙化程度较低、杯壁主要由合隔桁（synapticulae）和羽屑小梁形成，整体骨骼稀疏而多孔，轻而结构复杂，生长型多为分枝状、指状、柱状、叶状或板状，无性出芽方式多为外触手芽，复杂系群的典型代表是鹿角珊瑚属，其物种数目最多，生长型变异大（Romano and Palumbi, 1996, 1997）。

随后，多项研究采用更多珊瑚种类及不同分子标记所得出的结果也支持两大系群的分类体系（Romano and Cairns, 2000；Chen et al., 2002；Fukami et al., 2008）。其中，Fukami 等（2008）分析了来自 75 属 17 科的 127 种珊瑚的线粒体基因（细胞色素氧化酶Ⅰ和细胞色素 b）和核基因（β 微管蛋白和核糖体 DNA）序列，其结果表明基于分子证据的石珊瑚系统发育树不符合 Wells（1956）和 Veron（1995）所提出的系统演化关系，但支持石珊瑚两大系群的系统发育假说；Fukami 等（2008）还表明在传统的科级分类阶元中最少 11 科是多重起源，其中有 5 个科的成员散布于石珊瑚的复杂和坚实两大类群，因此建议当前石珊瑚亚目的划分需要重新检视修订并将石珊瑚目修订为 15 个科。戴昌凤和洪圣雯撰写的《台湾石珊瑚志》就结合 Fukami 等（2008）和 Veron（1995）的研究结果提出了新的分类体系，其中新设立了叶状珊瑚科 Lobophylliidae 和同星珊瑚科 Plesiastreidae，并对原蜂巢珊瑚科进行了修订（Dai and Horng, 2009a, 2009b）。最近，Kitahara 等（2016）结合分子生物学和骨骼微形态学研究提出了全新的分类体系，共设立 15 个科和 5 个未定科的属，该体系得到了学术界的认可，并被世界海洋生物名录（World Register of Marine Species, WoRMS）所采用（Hoeksema and Cairns, 2020）。Kitahara 等（2016）建立的分类体系中仍然有一些属的分类划定并未明确且存在争议，因此又结合其他最新的相关文献对其归属进行了确认（Arrigoni et al., 2014a, 2014b, 2016, 2019; Benzoni et al., 2007, 2012b; Budd et al., 2012; Huang et al., 2014a, 2014b, 2016; Gittenberger et al., 2011; Kitano et al., 2014; Luzon et al., 2017; Wallace et al., 2012），最终厘定了中国造礁石珊瑚的分类系统和科属阶元（黄林韬等，2020），共 16 科 77 属（其中 4 属未定科），详见表 1。

表 1　中国造礁石珊瑚科属分类阶元

系群 Clade	科 Family	属 Genus	系群 Clade	科 Family	属 Genus
复杂 complex	鹿角珊瑚科 Acroporidae	鹿角珊瑚属 *Acropora* 穴孔珊瑚属 *Alveopora* 假鹿角珊瑚属 *Anacropora* 星孔珊瑚属 *Astreopora* 同孔珊瑚属 *Isopora* 蔷薇珊瑚属 *Montipora*	坚实 robust	叶状珊瑚科 Lobophylliidae	棘星珊瑚属 *Acanthastrea* 叶状珊瑚属 *Lobophyllia* 小褶叶珊瑚属 *Micromussa* 缺齿珊瑚属 *Cynarina* 同叶珊瑚属 *Homophyllia* 刺叶珊瑚属 *Echinophyllia* 尖孔珊瑚属 *Oxypora*
	菌珊瑚科 Agariciidae	西沙珊瑚属 *Coeloseris* 加德纹珊瑚属 *Gardineroseris* 薄层珊瑚属 *Leptoseris* 厚丝珊瑚属 *Pachyseris* 牡丹珊瑚属 *Pavona*		裸肋珊瑚科 Merulinidae	圆星珊瑚属 *Astrea* 小笠原珊瑚属 *Boninastrea* 干星珊瑚属 *Caulastraea* 腔星珊瑚属 *Coelastrea* 刺星珊瑚属 *Cyphastrea* 盘星珊瑚属 *Dipsastraea* 刺孔珊瑚属 *Echinopora* 角蜂巢珊瑚属 *Favites* 菊花珊瑚属 *Goniastrea* 刺柄珊瑚属 *Hydnophora* 肠珊瑚属 *Leptoria* 裸肋珊瑚属 *Merulina* 斜花珊瑚属 *Mycedium* 耳纹珊瑚属 *Oulophyllia* 拟菊花珊瑚属 *Paragoniastrea* 拟圆菊珊瑚属 *Paramontastraea* 梳状珊瑚属 *Pectinia* 囊叶珊瑚属 *Physophyllia* 扁脑珊瑚属 *Platygyra* 亭叶珊瑚属 *Scapophyllia* 粗叶珊瑚属 *Trachyphyllia*
	木珊瑚科 Dendrophylliidae	陀螺珊瑚属 *Turbinaria*			
	真叶珊瑚科 Euphylliidae	真叶珊瑚属 *Euphyllia* 盔形珊瑚属 *Galaxea* 单星珊瑚属 *Simplastrea* 纹叶珊瑚属 *Fimbriaphyllia*			
	滨珊瑚科 Poritidae	伯孔珊瑚属 *Bernardpora* 角孔珊瑚属 *Goniopora* 滨珊瑚属 *Porites*			
	铁星珊瑚科 Siderastreidae	假铁星珊瑚属 *Pseudosiderastrea* 铁星珊瑚属 *Siderastrea*			
	星群珊瑚科 Astrocoeniidae	非六珊瑚属 *Madracis* 帛星珊瑚属 *Palauastrea* 柱群珊瑚属 *Stylocoeniella*			
	筛珊瑚科 Coscinaraeidae	筛珊瑚属 *Coscinaraea*		黑星珊瑚科 Oulastreidae	黑星珊瑚属 *Oulastrea*
	双星珊瑚科 Diploastreidae	双星珊瑚 *Diploastrea*		同星珊瑚科 Plesiastreidae	同星珊瑚属 *Plesiastrea*
坚实 robust	石芝珊瑚科 Fungiidae	多叶珊瑚属 *Polyphyllia* 绕石珊瑚属 *Herpolitha* 梳石芝珊瑚属 *Ctenactis* 刺石芝珊瑚属 *Danafungia* 侧石芝珊瑚属 *Pleuractis* 圆饼珊瑚属 *Cycloseris* 辐石芝珊瑚属 *Heliofungia* 叶芝珊瑚属 *Lobactis* 石芝珊瑚属 *Fungia* 帽状珊瑚属 *Halomitra* 履形珊瑚属 *Sandalolitha* 足柄珊瑚属 *Podabacia* 石叶珊瑚属 *Lithophyllon*		杯形珊瑚科 Pocilloporidae	杯形珊瑚属 *Pocillopora* 排孔珊瑚属 *Seriatopora* 柱状珊瑚属 *Stylophora*
				沙珊瑚科 Psammocoridae	沙珊瑚属 *Psammocora*
				未定科 Incertae sedis	胚褶叶珊瑚属 *Blastomussa* 小星珊瑚属 *Leptastrea* 泡囊珊瑚属 *Plerogyra* 鳞泡珊瑚属 *Physogyra*

五、南沙群岛造礁石珊瑚多样性研究历史

我国对石珊瑚和珊瑚礁最早的认识和记录始于公元 226～231 年，康泰偊孙权之遣，出使今柬埔寨等国，途经南海诸岛，著《扶南传》，其中描述到："涨海中，倒珊瑚洲，洲底有盘石，珊瑚生其上也"，这是我国古籍关于南海诸岛珊瑚礁和地形成因的准确描述。

南沙群岛位于南海南部，古称"万里石塘"、"万里长堤"、"万生石塘屿"等，坐标为 3°35′N～11°55′N，109°30′E～117°50′E，北起雄南礁，南至曾母暗沙，西为万安滩，东为海马滩，是南海最南的一组群岛，也是岛屿滩礁最多、散布范围最广的一组群岛。南沙群岛呈现典型的热带珊瑚礁群岛的景观，自第三纪中期以来，在热带海洋气候条件下，热带海洋生物繁盛，造礁生物建造了珊瑚礁，同时风浪不断将生物砾沙屑搬运至礁顶上，堆积成灰沙岛（赵焕庭和温孝胜，1996）。

有关南沙群岛珊瑚礁和造礁珊瑚的研究最早可以追溯至 1890 年，Bassett-Smith（1890）记载了来自南沙群岛郑和群礁的 58 种石珊瑚，标本至今保存在英国博物馆；Kuo（1948）报道的"Geomorphology of the Tizard Bank and Reefs, Nan-Sha Island, China（中国南沙群岛郑和群礁珊瑚礁地质地貌）"一文中附有日本学者 S. Kawaguti 鉴定的一份来自太平岛的石珊瑚名录；从 20 世纪 60 年代开始，中国科学院南海海洋研究所成立了珊瑚礁和珊瑚生态研究组，分别从地质地貌学和生态学角度对南沙群岛珊瑚礁进行了全面调查，其中 1984～1986 年的"曾母暗沙：中国南疆综合调查"和 1987～1994 年的"南沙群岛及其邻近海区综合科学考察"，均有关于南沙群岛石珊瑚的专门内容（中国科学院南海海洋研究所，1987；中国科学院南沙综合科学考察队，1989）。Dai 和 Fan（1996）报道了南沙太平岛 15 科 56 属 163 种石珊瑚。近年来，黄晖等（2013）报道了南沙群岛渚碧礁 13 科 31 属 74 种石珊瑚，Zhao 等（2013）调查了南沙群岛的美济礁和渚碧礁，共记录 13 科 40 属 120 种石珊瑚，方宏达和时小军（2019）报道了南沙群岛 14 科 175 种造礁石珊瑚。

南沙群岛离岸距离远、海域辽阔，开展珊瑚礁生态调查和研究的难度很大。南沙群岛临近珊瑚三角区，Huang 等（2015）通过对文献的统计整理发现整个南海海域共有 517 种石珊瑚，其中与南沙群岛临近的菲律宾巴拉望岛则有 398 种，可以推断先前的研究低估了南沙群岛造礁石珊瑚的物种多样性。本书在中国科学院战略性先导科技专项（A 类）的支持下，对南沙群岛展开详细的珊瑚礁生态本底调查，在拍摄了大量水下生态照片并采集珊瑚骨骼样品的基础上，本书共记录造礁石珊瑚 324 种，隶属 14 科 70 属（3 属未定科），其中 33 种为中国新纪录种。

各 论

南沙群岛造礁石珊瑚

鹿角珊瑚科
Acroporidae Verrill, 1902

鹿角珊瑚科是石珊瑚目种类最多的一个科，同时也是珊瑚礁生态系统中的关键和优势类群；现包括 6 个属，分别为鹿角珊瑚属 *Acropora*、假鹿角珊瑚属 *Anacropora*、星孔珊瑚属 *Astreopora*、穴孔珊瑚属 *Alveopora*、同孔珊瑚属 *Isopora* 和蔷薇珊瑚属 *Montipora*。同孔珊瑚属原为鹿角珊瑚属的亚属，但其繁殖方式为孵幼而非排卵，再加上基因序列的系统发育分析也表明同孔珊瑚属与鹿角珊瑚属具有明显的区别，同孔珊瑚可划为独立的属（Wallace et al., 2007；2012）。穴孔珊瑚属依据其骨骼和珊瑚虫的形态特征原属于滨珊瑚科 Poritidae，但最近的形态学和分子系统学研究显示其应归属于鹿角珊瑚科，最新的比较转录组学研究更加确信了穴孔珊瑚属属于鹿角珊瑚科这一观点（Kitano et al., 2014；Richards et al., 2019）。鹿角珊瑚属是石珊瑚目中最大的一个属，世界范围共有 150 多种，蔷薇珊瑚属的种类数目仅次于鹿角珊瑚属，世界范围内蔷薇珊瑚有近 90 种，本书在南沙群岛记录到 60 种鹿角珊瑚和 31 种蔷薇珊瑚。

鹿角珊瑚科的所有种类均为群体，珊瑚杯小，除星孔珊瑚和穴孔珊瑚外，珊瑚杯直径均在 1 mm 左右，轴柱发育不良或无，群体生长型形态多变。鹿角珊瑚多为分枝状、板状或桌状；蔷薇珊瑚则多为叶状或皮壳状，也有分枝状、柱状或团块状；星孔珊瑚多为团块状或皮壳状；而穴孔珊瑚则为团块或分枝状。水螅体较大，肉质长管状，触手 12 个，通常白天和夜晚均伸出。鹿角珊瑚科是现代珊瑚礁生态系统的关键造礁类群，其中鹿角珊瑚常作为珊瑚礁生态系统的健康指标种。

鹿角珊瑚属 *Acropora* Oken, 1815

鹿角珊瑚属群体多为分枝树木状、灌丛状、伞房状或桌板状，极少数皮壳状；有轴珊瑚杯和辐射珊瑚杯的分化；隔片多两轮，轴柱不发育，杯壁和共骨多孔。Wallace（1999）依据群体、分枝形态、辐射珊瑚杯形态排列和共骨结构将鹿角珊瑚属划分为不同的组群，此处参照 Wallace（1999）的组群划分进行描述。

Acropora aspera 组群

群体为伞房状、分枝状或桌状；辐射珊瑚杯唇瓣状（labellate），内壁不发育外壁延伸呈唇瓣；杯壁位置为珊瑚肋，杯间共骨为开放网状，由少数简单小刺形成。

1 多孔鹿角珊瑚
Acropora millepora (Ehrenberg, 1834)

群体簇生伞房状，中央或边缘附于基底之上；分枝圆柱状，直径 3～12 mm，长约 5.5 cm；轴珊瑚杯外周直径 1.2～3.9 mm，第一轮隔片可达 1/2 内半径，第二轮部分发育，约 1/4 内半径，第三轮隔片有时部分发育；辐射珊瑚杯大小均一，分布拥挤而接触，唇瓣状，内壁不发育，外壁向上突出伸展成圆形唇状，第一轮隔片达 2/3 内半径，第二轮隔片约 1/4 内半径；辐射珊瑚杯壁为沟槽状珊瑚肋，杯间共骨网状，散布有小刺。

生活时颜色多变，常为浅绿色、橘黄色、粉红色或蓝色。多生于浅水珊瑚礁生境，如礁坪及礁坡，也可见于潟湖。广泛分布于印度-太平洋海区。

2 佳丽鹿角珊瑚
Acropora pulchra (Brook, 1891)

群体为开放的树丛状或灌丛状，有时则呈伞房状；分枝末端渐细，直径 5～12 mm，长可达 18 cm；轴珊瑚杯外周直径 1.8～3.5 mm，第一轮隔片长达 2/3 内半径，第二轮部分发育，约 1/4 内半径；辐射珊瑚杯大小不一，大珊瑚杯唇瓣状，末端尖锐，小珊瑚杯亚浸埋型，外壁形成的唇瓣缩小，第一轮隔片长达 1/4 内半径；杯壁为沟槽状珊瑚肋，杯间共骨网状，散布着简单的小刺。

生活时为棕色或青绿色，分枝末端轴珊瑚杯淡蓝色。多生于礁坪、浅水礁后区及潟湖。广泛分布于印度-太平洋海区。

3 乳突鹿角珊瑚
Acropora papillare Latypov, 1992

群体分枝状，由厚实的皮壳基底上长出或直立或弯曲的锥形分枝；分枝直径大于 2 cm，最长可达 10 cm，通常没有三级分枝；轴珊瑚杯小而不突出，杯壁厚外周直径 2.7～3.4 mm，第一轮隔片长达 1/3 内半径；辐射珊瑚杯大小均匀，唇瓣状，外唇瓣水平，分布拥挤，第一轮隔片长达 1/4 内半径；杯壁为沟槽状珊瑚肋，杯间共骨网状，散布着简单的小刺。

生活时为棕色或蓝色。多生于海浪强劲的浅水珊瑚礁区。分布于东印度洋和西太平洋，不常见。

4 刺枝鹿角珊瑚
Acropora spicifera (Ehrenberg, 1834)

群体为宽而扁平的桌状或板房状，边缘常分成多叶，或低矮的伞房状，中央或边缘附于基底之上；分枝圆柱状，直径 4～10 mm，长约 3.5 cm；轴珊瑚杯外周直径 0.9～2.1 mm，第一轮隔片可达 1/2 内半径，第二轮不发育或部分发育，约 1/4 内半径；辐射珊瑚杯大小形态一致，外壁稍伸展形成刺状的唇瓣，第一轮隔片 1/3 内半径，第二轮不发育或部分发育，约 1/4 内半径；杯壁为沟槽状珊瑚肋，杯间共骨网状，散布有简单的小刺或成列分布的小刺。

生活时通常为粉红色或浅棕色。多生于礁坪和礁坡。广泛分布于印度-太平洋海区，但并不常见。

Acropora divaricata 组群

群体为伞房状、桌状或板状，中央或边缘附着于基底；辐射珊瑚杯在分枝直径中占比较大，开放的鼻形，外壁加厚，开口宽阔，圆形、椭圆形或二分，大小均匀或变化较大；共骨为叉状或简单小刺形成的网状结构。

5 方格鹿角珊瑚
Acropora clathrata (Brook, 1891)

群体桌状或板状，常以边缘附于基底，主要分枝水平伸展并互相交联成扁平板状；分枝直径 4～10 mm，通常无垂直小分枝；轴珊瑚杯外周直径 1.6～3.0 mm，第一轮隔片不发育或达 1/3 内半径，第二轮不发育或尖刺状；辐射珊瑚杯大小不一，鼻形或紧贴鼻管状，辐射珊瑚杯外壁有时也延伸形成喙状，第一轮隔片不发育或小刺状，第二轮不发育；珊瑚杯壁为沟槽状珊瑚肋或排成列的侧扁或分叉小刺，杯间共骨网状，上有稀疏的小刺。

生活时通常为奶油色、灰色、绿色或棕色。多生于上礁坡、岸礁和礁后区边缘。广泛分布于印度-太平洋海区。

6 两叉鹿角珊瑚
Acropora divaricata (Dana, 1846)

群体为开放的丛生伞房状或桌状，分枝基部在水平方向相互交联，末端向上弯曲并逐渐变细；分枝直径 5～15 mm，长可达 7 cm；轴珊瑚杯外周直径 2.2～3.8 mm，第一轮隔片长达 1/2 内半径；辐射珊瑚杯大小分布均匀，分枝末端的珊瑚杯管鼻形，杯口敞开，排列较为整齐，分枝基部的珊瑚杯逐渐变为紧贴管状，有时珊瑚杯外壁伸展呈喙状，第一轮隔片长达 1/2 内半径，直接隔片明显，第二轮约 1/4 内半径；珊瑚杯壁为密集排列的侧扁或分叉小刺，有时排成列，杯间共骨网状，上有稀疏的小刺。

生活时通常为棕色或棕绿色，分枝末端常为蓝紫色。多生于礁坡、岸礁或潟湖。广泛分布于印度-太平洋海区。

7 单独鹿角珊瑚
Acropora solitaryensis Veron & Wallace, 1984

群体为桌状或板状，分枝基部相互交联形成厚实或稀疏的板状结构，向上生出不规则小分枝；分枝直径 5～15 mm，长可达 5 cm；轴珊瑚杯外周直径 1.6～3.4 mm，第一轮隔片长达 1/2 内半径；辐射珊瑚杯大小均匀，排列较为整齐，鼻形或管鼻形，杯口敞开，分枝基部珊瑚杯紧贴管状，有时外壁向外伸展呈喙状，第一轮隔片长达 1/3 内半径，第二轮部分发育，约 1/4 内半径；珊瑚杯壁和共骨上为侧扁或简单的小刺按列成网状结构。

生活时通常为棕色或奶油色，分枝末端蓝紫色。多生于海浪强劲的上礁坡。广泛分布于印度-太平洋海区。

Acropora echinata 组群

群体多由瓶刷状分枝形成；轴珊瑚杯在分枝直径中占比较大；辐射珊瑚杯为口袋形的紧贴管状，分布稀疏；共骨上为成行排列的简单或复杂精细小刺，多呈肋纹状。

8 巴氏鹿角珊瑚
Acropora batunai Wallace, 1997

群体伞房状、板状或桌状，通常具有匍匐的水平分枝，其上生出许多分枝，这些分枝上又有小分枝，呈瓶刷状排列，分枝末端的轴珊瑚杯、新生轴珊瑚杯和辐射珊瑚杯三者呈过渡状态；轴珊瑚杯外周直径 0.6～1.0 mm，第一轮隔片长达 1/4 内半径，第二轮隔片不发育；辐射珊瑚杯管状，常排列成，开口鼻形且向外弯曲，新生轴珊瑚杯侧面发育有少量辐射珊瑚杯，第一轮隔片仅可见或长达 1/3 内半径，第二轮隔片不发育；珊瑚杯壁和共骨上或为排成列的小刺或为沟槽状的珊瑚肋。

生活时多为紫色、蓝色或棕色。多生于受庇护的浅水礁区，尤其是潟湖内。分布于西太平洋海区，不常见。

9 刺鹿角珊瑚
Acropora carduus (Dana, 1846)

群体为瓶刷状分枝形成的灌丛状，主枝或直立或匍匐，不规则主枝上按固定间隔生出小分枝；轴珊瑚杯外周直径 1.0～2.0 mm，第一轮隔片长达 1/4 内半径，第二轮部分发育或不发育；辐射珊瑚杯大小均一，分布稀疏，紧贴管状，开口圆形、卵圆形或略微鼻形，第一轮隔片长达 1/2 内半径，第二轮不发育；珊瑚杯壁和共骨上为成列分布或断续的小刺，小刺末端精细复杂。

生活时为棕色或奶油色，分枝末端亮黄色。多生于深水礁区、受庇护的礁后区或潟湖的沙质基底上。广泛分布于印度-太平洋海区。

10 棘鹿角珊瑚
Acropora echinata (Dana, 1846)

群体由匍匐的瓶刷状分枝构成；主枝宽可达 3.5 cm，长可达 10 cm，其上按一定间隔发出分枝，主要分枝再生出许多小分枝；小分枝宽 3 mm，长 2 cm，小分枝上仅有少数辐射珊瑚杯及数个新生轴珊瑚杯；轴珊瑚杯外周直径 0.8～1.8 mm，第一轮隔片长达 2/3 内半径，第二轮部分发育；小枝上的辐射珊瑚杯很分散，紧贴管状，开口圆形、卵圆形或鼻形，主枝上的辐射珊瑚杯浸埋型，第一轮隔片长达 1/4 内半径，第二轮不发育或刺状；珊瑚杯壁和共骨上为沟槽状珊瑚肋或成列分布的小刺。

生活时主枝白色或奶油色，小枝为蓝色或紫色。多生于隐蔽的礁坡或潟湖。广泛分布于印度-太平洋海区。

11 次生鹿角珊瑚
Acropora subglabra (Brook, 1891)

群体灌丛状，由瓶刷状分枝交织而成，不规则主枝上按固定间隔生出小分枝；轴珊瑚杯外周直径 0.8～1.5 mm，第一轮隔片长达 2/3 内半径，第二轮不发育或部分发育，刺状；辐射珊瑚杯大小一致，分散，紧贴管状，开口圆形、卵圆形或稍微鼻形，第一轮隔片长达 2/3 内半径，第二轮不发育，主枝上的辐射珊瑚杯浸埋型；珊瑚杯壁和共骨上为成列分布的小刺，小刺末端精细复杂或沟槽状珊瑚肋。

生活时为淡棕色或奶油色，分枝末端亮黄色。多生于较为隐蔽的礁坡或潟湖。广泛分布于印度 - 太平洋海区。

Acropora florida 组群

群体为瓶刷状分枝形成的分枝状或板状；辐射珊瑚杯为紧贴管状，大小均匀，外壁加厚，开口圆形；杯壁位置为珊瑚肋或网状珊瑚肋，杯间共骨为开放网状，小刺发育不良。

12 花鹿角珊瑚
Acropora florida (Dana, 1846)

群体由瓶刷状分枝组成的树状或水平板状；粗壮的主枝上生有次生小分枝，小分枝圆柱状，直径 4～15 mm，长约 3 cm；轴珊瑚杯外周直径 2～3 mm，第一轮隔片长达 2/3 内半径，第二轮约 1/2 内半径；辐射珊瑚杯大小基本一致，紧贴管状，开口圆形，第一轮隔片长达 1/2 内半径，第二轮部分发育，约 1/4 内半径；杯壁为沟槽状珊瑚肋，杯间共骨网状，上有均匀分布的小刺。

生活时绿色、红棕色、棕色或黄色。多生于浅水珊瑚礁区。广泛分布于印度 - 太平洋海区。

13 短小鹿角珊瑚
Acropora sarmentosa (Brook, 1892)

群体为瓶刷状分枝形成的板状，一个群体通常仅有 1～2 个分枝单元，每个单元有一个水平或略向上的主枝及其上生出的柱状小分枝组成；主枝直径 3 cm，小分枝直径 6～12 mm，长约 2.5 cm；轴珊瑚杯外周直径 3～4 mm，第一轮隔片长达 3/4 内半径，第二轮约 1/2 内半径；辐射珊瑚杯大小基本一致，紧贴管状，圆形开口，第一轮隔片长达 2/3 内半径，第二轮约 1/4 内半径；杯间共骨网状，上有侧扁或简单的小刺均匀分布。

生活时为灰绿色或棕色，轴珊瑚杯多为浅黄色或橘黄色。多生于上礁坡。广泛分布于印度-太平洋海区。

Acropora horrida 组群

群体为开放分枝状，分枝瓶刷装或不规则灌丛状；辐射珊瑚杯简单管状或紧贴管状，大小均一，开口圆形；共骨为简单小刺或复杂小刺形成的网状。

14 丑鹿角珊瑚
Acropora horrida (Dana, 1846)

群体为不规则树状或瓶刷分枝状；分枝间距大，直径 5～10 mm，长可达 6 cm；轴珊瑚杯外周直径 1.4～2.4 mm，第一轮隔片长约 2/3 内半径，第二轮部分发育，约 3/4 内半径；辐射珊瑚杯管状或亚浸埋型，开口圆形，分布不规则，第一轮隔片长约 1/2 内半径，第二轮部分发育，约 1/4 内半径；珊瑚杯壁和共骨上为开放的网状结构，上面有分散或排成列的小刺。

生活时多为浅黄色、灰绿色、灰色或灰蓝色，水螅体白天常伸出。多生于水体浑浊的岸礁、上礁坡和潟湖。分布于印度-太平洋海区，不常见。

15 基尔斯蒂鹿角珊瑚
Acropora kirstyae Veron & Wallace, 1984

群体为分枝灌丛状或不规则的瓶刷状；分枝瘦弱且不规则，直径 4～8 mm，长可达 12 cm；轴珊瑚杯外周直径 0.9～1.4 mm，第一轮隔片长约 2/3 内半径，第二轮部分发育，约 1/4 内半径；辐射珊瑚杯大小不一，分布稀疏，紧贴管状，开口圆形，第一轮隔片长约 1/3 内半径，第二轮不发育或发育不良，仅为刺状；珊瑚杯壁和共骨上为致密且不规则的小刺。

生活时为棕色或淡黄色，分枝末端颜色浅，呈淡紫色、粉红色或白色。多生于受庇护的浅水珊瑚礁区。主要分布于西太平洋海区，不常见。

16 小叶鹿角珊瑚
Acropora microphthalma (Verrill, 1869)

群体为分枝树丛状，分枝上生有许多小枝因此轻微瓶刷状；分枝瘦长末端逐渐变细，直径 5～14 mm，长可达 6 cm，分枝夹角在 45°～90°，分枝稀疏间距大；轴珊瑚杯外周直径 1.8～2.7 mm，第一轮隔片长约 3/4 内半径，第二轮部分发育，约 1/4 内半径；辐射珊瑚杯大小一致，分布拥挤，圆形管状，开口圆形到倾斜的椭圆形，第一轮隔片长约 2/3 内半径，第二轮部分发育，约 1/4 内半径；珊瑚杯壁轻微沟槽状，共骨上为密集排列的小刺，小刺末端为精细复杂的分叉结构，但是在钙化程度轻的珊瑚中，杯壁和共骨为致密排列的简单小刺。

生活时多为奶油色。多生于上礁坡，也可见于浑浊的水体和潟湖内沙地上。广泛分布于印度-太平洋海区。

17 华氏鹿角珊瑚
Acropora vaughani Wells, 1954

群体为不规则树状或瓶刷分枝状；分枝末端逐渐变细，直径 7 ~ 18 mm，长可达 10 cm；轴珊瑚杯外周直径 1.5 ~ 2.5 mm，第一轮隔片长约 2/3 内半径，第二轮部分发育，约 1/4 内半径；辐射珊瑚杯大小一致，分布不拥挤，圆形管状，开口圆形，第一轮隔片长约 1/3 内半径，第二轮约 1/4 内半径；珊瑚杯壁和共骨上为小刺密集排列而成，小刺末端有分叉。

生活时多为奶油色或棕色，分枝末端轴珊瑚杯亮黄色，辐射珊瑚杯的蓝色水螅体白天明显可见。多生于水体浑浊的岸礁、礁坡和潟湖。广泛分布于印度 - 太平洋海区，但不常见。

Acropora humilis 组群

群体为伞房状或指形，轴珊瑚杯明显，在分枝直径占比较大；辐射珊瑚杯为加厚的管状，开口呈二分状态（dimidiate），大小一致或两种类型；共骨上为侧扁小刺形成的网状结构。

18 多棘鹿角珊瑚
Acropora multiacuta Nemenzo, 1967

群体为小型灌丛状或伞房丛状；分枝主要由极其长而尖的轴珊瑚杯形成，分枝基部有许多未成熟的轴珊瑚杯形成的小枝；轴珊瑚杯顶部多光滑而裸露，外周直径 2.4 ~ 6.5 mm，第一轮隔片长达 3/4 内半径；辐射珊瑚杯大小一致或不一，鼻形，内壁发育，开口卵圆形，第一轮隔片长约 1/4 内半径；杯壁和共骨位置均为精细小刺形成的网状。

生活时通常为奶油色或白色。多生于潟湖外边缘或礁坪。主要分布于印度洋东部和太平洋西部，不常见。

19 指形鹿角珊瑚
Acropora digitifera (Dana, 1846)

群体为指形或短指状分枝组成的伞房状或板状；分枝圆柱状或末端稍变细，直径 8～15 mm，长 3 cm；轴珊瑚杯外周直径 2.2～3.8 mm，第一轮隔片长达 2/3 内半径，第二轮隔片约 1/4 内半径；辐射珊瑚杯排列紧密，大小不一，内壁几乎不发育，外壁加厚突出成唇状，因此整体近半管状，第一轮隔片长达 1/3 内半径，第二轮约 1/4 内半径；杯壁为密集排列的侧扁小刺，有时排成列，杯间共骨致密网状，上有小刺。

生活时通常为棕色、奶油色或淡棕色，分枝末端常为粉红色或蓝色。多生于潮间带礁坪。广泛分布于印度-太平洋海区。

20 芽枝鹿角珊瑚
Acropora gemmifera (Brook, 1892)

群体指形或伞房状，以中央或边缘部位固着于基底；分枝直径 10～25 mm，最长可达 6 cm；轴珊瑚杯外周直径 2.8～4.2 mm，第一轮隔片长达 3/4 内半径，第二轮隔片可达 2/3 内半径；整个分枝的辐射珊瑚杯均呈现两种类型，大珊瑚杯短管状，开口二分且外杯壁加厚，小珊瑚杯亚浸埋型，两种辐射珊瑚杯常纵向成列而布，而且自上而下逐渐变大，第一轮隔片长达 3/4 内半径，第二轮不发育或仅可见；珊瑚杯壁和共骨上为密集排列的侧扁小刺，有时排列成不规则的沟槽状珊瑚肋。

生活时通常为棕色、奶油色、绿色或黄色。多生于海浪强劲的礁坪和上礁坡。广泛分布于印度-太平洋海区。

21 粗野鹿角珊瑚
Acropora humilis (Dana, 1846)

群体为粗短的指状或长指形分枝形成的伞房状，以中央或边缘部位固着；分枝末端渐细，直径 10～30 mm，长可达 6 cm；轴珊瑚杯外周直径 3～8 mm，开口直径仅有 1～1.8 mm，第一轮隔片长达 3/4 内半径，第二轮隔片可达 2/3 内半径；分枝上部的辐射珊瑚杯分布整齐，短管状，开口二分且外壁加厚，分枝下部的辐射珊瑚杯则有两种类型，小的亚浸埋型散布在大的短管状珊瑚杯之间；珊瑚杯壁和共骨上为密集排列的侧扁小刺，有时排列成不规则的沟槽状结构。

生活时通常为棕色、奶油色、粉红色或绿色。多生于海浪强劲的礁坪和上礁坡。广泛分布于印度-太平洋海区。

22 巨锥鹿角珊瑚
Acropora monticulosa (Brüggemann, 1879)

群体由宽基底上生出短指状或锥形分枝，或由粗壮的锥形分枝形成的伞房状，有时可形成直径达数米的穹顶状大型群体；分枝直径 15～50 mm，最长可达 11 cm；轴珊瑚杯外周直径 1.4～3.8 mm，第一轮隔片长达 3/4 内半径，第二轮隔片不发育或仅仅可见；辐射珊瑚杯大小均匀或不等，多为明显而分布整齐的短管状，开口圆形稍呈二分状，第一轮隔片长达 1/2 内半径，第二轮部分发育，仅可见刺状的痕迹；杯壁为密集排列的侧扁小刺，有时排列成不规则的沟槽状珊瑚肋，杯间共骨网状，稀疏分布有小刺。

生活时通常为棕色、淡蓝色或奶油色。多生于上礁坡。广泛分布于印度-太平洋海区。

23 瑞图萨鹿角珊瑚
Acropora retusa (Dana, 1846)

群体为短指状分枝形成的伞房状或板状，常以中央部位固着于基底；分枝直径 8 ～ 18 mm，长 3 cm，分枝末端的轴珊瑚杯通常不突出，末端显得宽而平，在低矮伞房状群体，由于分枝末端常有多个新生轴珊瑚杯，再加上其周边的辐射珊瑚杯长短不一，因而呈多刺状；轴珊瑚杯外周直径 2.1 ～ 2.6 mm，第一轮隔片长达 1/2 内半径，直接隔片明显，第二轮部分发育，刺状；辐射珊瑚杯管状二分开口，大小和分布均不规则；珊瑚杯壁和共骨上为密集排列的简单小刺。

生活时为棕色或黄色。多生于礁坪和上礁坡。广泛分布于印度-太平洋海区，但不常见。

24 萨摩亚鹿角珊瑚
Acropora samoensis (Brook, 1891)

群体簇生或丛生伞房状，中央或边缘附着于基底；分枝圆柱状，末端稍变细，直径 10 ～ 15 mm，长 8 cm；轴珊瑚杯外周直径 2.7 ～ 4.5 mm，第一轮隔片长达 3/4 内半径，第二轮隔片约 2/3 内半径；辐射珊瑚杯多数为大型管状，开口圆形到卵圆形或二分状，外壁加厚，大型管状珊瑚杯之间散布着浸埋型或紧贴管状的小型珊瑚杯，第一轮隔片长达 1/4 内半径，第二轮部分发育呈刺状；珊瑚杯壁和共骨上为密集排列的侧扁小刺，有时在珊瑚杯壁上排成沟槽状珊瑚肋。

生活时通常为奶油色、棕色或蓝紫色。多生于上礁坡。广泛分布于印度-太平洋海区。

Acropora hyacinthus 组群

群体为桌状或板状，中央或边缘附着于基底之上，幼体阶段有一个指形的过渡形态；辐射珊瑚杯大小均匀，唇瓣状，内壁不发育，外壁形成方形的唇瓣，开口圆形；杯壁位置为珊瑚肋，杯间共骨为简单小刺形成的网状。

25 花柄鹿角珊瑚
Acropora anthoceris (Brook, 1893)

群体直径可达 50 cm，多为低矮的伞房状或板状，由其上长出向上的小枝；小枝直径 4～12 mm，长可达 3 cm，小枝末端常有多个新生轴珊瑚杯；轴珊瑚杯大而明显，直径 1.9～2.8 mm，第一轮隔片长可达 2/3 内半径；辐射珊瑚杯大小基本相同，内壁几乎不发育，外壁加厚并向上伸展呈唇瓣状，第一轮隔片长可达 2/3 内半径；杯壁为沟槽状珊瑚肋或成排的小刺，杯间网状共骨散布有小刺。

生活时为淡蓝色、粉红色、棕色或杂色。多分布在礁坡、潮间带等风浪强劲的生境。广泛分布于印度 - 太平洋海区。

26 浪花鹿角珊瑚
Acropora cytherea (Dana, 1846)

群体桌状或板状，直径可达 3 m，由水平分枝交联成宽大扁平的桌状，其上生出垂直小分枝；小分枝直径 2 mm，长一般不超过 2.5 cm，小枝多成组分布，且末端常有多个轴珊瑚杯；轴珊瑚杯外周直径 1.3～2.5 mm，第一轮隔片长达 2/3 内半径，第二轮不发育或刺状；辐射珊瑚大小基本一致，外壁向上拉长形成末端尖锐的唇，第一轮隔片不发育或刺状，第二轮不发育；珊瑚杯壁为沟槽状珊瑚肋，杯间共骨网状，其上有侧扁小刺。

生活时为淡棕色、黄棕色、绿棕色或蓝棕色。多生于上礁坡和潟湖。广泛分布于印度 - 太平洋海区。

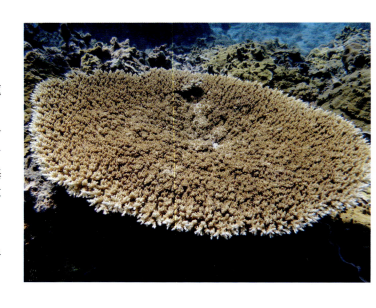

27 风信子鹿角珊瑚
Acropora hyacinthus (Dana, 1846)

群体桌状或板状，直径最大可达 3 m，层层搭叠；水平分枝融合成致密或稀疏的板状，向上生出垂直小分枝，小分枝直径 3～7 mm，长可达 2 cm；轴珊瑚杯直径 1～2 mm，第一轮隔片可达 3/4 内半径，第二轮部分发育，约 1/4 内半径；辐射珊瑚杯大小基本相同，分布拥挤互相接触，外壁向外伸展成圆形或方形的唇瓣，从小分枝顶端看辐射珊瑚杯围绕轴珊瑚杯呈玫瑰花瓣状排列，第一轮隔片可达 1/2 内半径；杯壁为沟槽状珊瑚肋，杯间共骨网状，散布有小刺。

生活时多为棕色和绿色。多生于礁坪、礁坡和礁缘等生境。广泛分布于印度-太平洋海区。

28 灌丛鹿角珊瑚
Acropora microclados (Ehrenberg, 1834)

群体伞房状，有时形成厚板状或桌状；小分枝直径 3～9 mm，长可达 8 cm，分枝末端可见多个新生轴珊瑚杯；轴珊瑚杯外周直径 1～2.9 mm，第一轮隔片长达 2/3 内半径，第二轮部分发育，约 1/4 内半径；辐射珊瑚大小均匀，鼻形或管鼻形，外壁斜向上伸展呈唇瓣状，第一轮隔片长约 1/3 内半径，第二轮部分发育，约 1/4 内半径；杯壁为沟槽状珊瑚肋，杯间共骨网状，其上有简单或成列分布的小刺。

生活时多为浅红棕色，灰白色的触手常白天伸出。多生于上礁坡。分布于印度-太平洋海区，不常见。

29 圆锥鹿角珊瑚
Acropora paniculata Verrill, 1902

群体多为伞房桌状或桌状，其上的垂直小分枝短而排列紧密，小分枝直径 5 ～ 15 mm，长可达 10 cm，小分枝末端的轴珊瑚杯和新生轴珊瑚杯呈长管状，多而拥挤，轴珊瑚杯外周直径 2 ～ 4 mm，第一轮隔片长达 3/4 内半径；小分枝基部和主枝的辐射珊瑚杯浸埋型，小分枝侧面的辐射珊瑚杯长管状，二分或倾斜开口，其间偶尔可见少量亚浸埋型，第一轮隔片长达 1/4 内半径；杯壁为平滑的沟槽状珊瑚肋，杯间共骨网状，偶有小刺。

生活时奶油色、灰色或蓝色。多生于上礁坡。广泛分布于印度 - 太平洋海区，但不常见。

Acropora latistella 组群

群体为伞房状，分枝瘦长；辐射珊瑚杯在分枝直径中占比较大，辐射珊瑚杯为紧贴管状，大小均匀，开口圆形；共骨为简单小刺均匀排列而成的网状。

30 尖锐鹿角珊瑚
Acropora aculeus (Dana, 1846)

群体为伞房簇状或伞房板状，中央或边缘固着，水平分枝蔓延状，向上的小分枝较细，排列稀疏；小分枝直径约 4 mm，长达 5 cm；轴珊瑚杯外周直径 1.6 ～ 2.4 mm，第一轮隔片长可达 2/3 内半径，第二轮隔片无或约 1/3 内半径；辐射珊瑚杯紧贴管状，大小均匀，分布不拥挤，开口圆形，第一轮隔片长可达 1/2 内半径，第二轮无或仅可见细刺状；杯壁为沟槽状珊瑚肋，上偶有小刺，杯间共骨网状，布满小刺。

生活时基部颜色为棕色、灰色或暗绿色，分枝末端为亮黄色或淡蓝色。多生于礁斜坡。广泛分布于印度 - 太平洋海区。

31 盘枝鹿角珊瑚
Acropora latistella (Brook, 1892)

群体伞房状，有时形成厚板状；分枝间距紧凑，圆柱状，直径 4～8 mm，长可达 4 cm；轴珊瑚杯外周直径 1.4～3 mm，第一轮隔片长达 3/4 内半径，第二轮部分发育，约 1/2 内半径；辐射珊瑚大小均匀，分布不拥挤，紧贴管状，开口圆形到卵圆形，外壁有时向上伸展，第一轮隔片长约 2/3 内半径，第二轮部分发育，约 1/4 内半径；珊瑚杯壁上和共骨上为成列分布的小刺。

生活时多为浅棕色、黄色或棕绿色。生于多种珊瑚礁生境，尤其是浑浊的浅水区。广泛分布于印度-太平洋海区。

32 细枝鹿角珊瑚
Acropora nana (Studer, 1878)

群体伞房状，瘦长分枝从基部均匀地直立伸出；分枝直径 3～10 mm，长可达 6 cm；轴珊瑚杯外周直径 1.3～2.0 mm，第一轮隔片几乎和内半径相等，第二轮部分发育，约 3/4 内半径；辐射珊瑚大小均匀，紧贴管状，卵圆形开口或卵圆形，外壁向上伸展有时呈鼻形，第一轮隔片长约 1/2 内半径，第二轮部分发育，约 1/4 内半径；珊瑚杯壁和共骨上为致密网状或成列分布的小刺。

生活时为奶油色、绿色或棕色，分枝末端为紫色。多生于受海流、风浪影响大的礁坪外缘。广泛分布于印度-太平洋海区。

33 浅盘鹿角珊瑚
Acropora subulata (Dana, 1846)

群体桌状，中央有一基柄附于基底，由水平分枝交联成网状，其上生出垂直小分枝；小分枝圆柱状，直径 3～6 mm，长可达 4 cm；轴珊瑚杯外周直径 1.2～1.9 mm，第一轮隔片长达 3/4 内半径，第二轮部分发育，约 1/2 内半径；辐射珊瑚杯大小均匀，分布不拥挤，紧贴管状，开口卵圆形，但内壁几乎不发育因此呈唇瓣状，第一轮隔片长约 1/3 内半径，第二轮不发育；杯壁为沟槽状珊瑚肋或成列分布的小刺，杯间共骨网状，散布有简单或成列分布的小刺。

生活时为浅棕色。多生于海流平缓的浅水礁坡。广泛分布于印度-太平洋海区。

Acropora loripes 组群

群体形态变化较大，主要和小分枝的发育有关，多为瓶刷状或伞房状；轴珊瑚杯较为明显，通常分枝末端有多个，辐射珊瑚杯紧贴管状，圆形开口，在某些分枝末端辐射珊瑚杯几乎不发育；共骨上为紧密排列的复杂精细小刺。

34 卡罗鹿角珊瑚
Acropora caroliniana Nemenzo, 1976

群体伞房状到丛生伞房状，直径最大可达 50 cm；小枝直径 5～8 mm，长可达 2.5 cm，小枝上有许多新生的弯曲的轴珊瑚杯，呈轮生螺旋状排列；轴珊瑚杯外周直径 1.7～3.5 mm，第一轮隔片长达 2/3 内半径；辐射珊瑚杯分散分布，通常仅出现在小枝的下部，紧贴管状，开口圆形或鼻形，第一轮隔片长达 1/4 内半径，第二轮无或仅部分可见；珊瑚杯壁和共骨上布满小刺，小刺末端精细复杂。

生活时为灰蓝色、奶油色、浅棕色或棕绿色。多生于上礁坪、礁坡和礁前缘。分布于西太平洋海区，不常见。

35 颗粒鹿角珊瑚
Acropora granulosa (Milne Edwards, 1860)

群体多为板状，多以边缘部位固着于基底，半圆形，直径可达 50 cm；水平分枝交联，其上再向上生出圆柱状的垂直小分枝，小分枝常成组排列，末端有多个轴珊瑚杯；小分枝直径 3～7 mm，长 2 cm；轴珊瑚杯外周直径 1.3～2.8 mm，第一轮隔片长达 3/4 内半径，第二轮部分发育，约 1/4 内半径；辐射珊瑚杯分布稀疏，紧贴管状，开口圆形或卵圆形，第一轮隔片长约 1/2 内半径，第二轮部分发育，刺状；珊瑚杯壁和共骨上为密集排列的小刺，小刺末端简单或复杂分叉。

生活时颜色多变，可见淡蓝色、浅棕色、粉红色或灰绿色。生于各种珊瑚礁生境。广泛分布于印度-太平洋海区，常见种。

36 杰氏鹿角珊瑚
Acropora jacquelineae Wallace, 1994

群体为边缘固着的板状或桌状，骨骼极其脆弱易碎，可形成厚 2 cm 直径 80 cm 的桌状，其表面布满小分枝，小分枝侧面仅有少量或无辐射珊瑚杯；主枝水平，分枝直径最大 5 mm，向上弯曲至同一水平，次级小分枝直径仅 2 mm；轴珊瑚杯外周直径 0.7～1.2 mm，通常仅可见直接隔片，长达 1/2 内半径；多数小分枝侧面无辐射珊瑚杯，偶然可见少数紧贴管状或鼻形的辐射珊瑚杯，隔片几乎不发育；分枝末端为沟槽状珊瑚肋，其他部位均为平行排列的侧扁小刺。

生活时为浅棕色、棕灰色或淡粉红色。多生于较为隐蔽的珊瑚礁生境。分布于西太平洋海区，不常见。

37 罗肯鹿角珊瑚
Acropora lokani Wallace, 1994

群体灌丛伞房状，中央或边缘固着于基底，水平的主枝不断延伸并分枝；主枝不断分枝，然后再生出许多小枝，小分枝末端有轴珊瑚杯和多个新生轴珊瑚杯，辐射状，大而明显；小枝直径 5～7 mm，长 2 cm；轴珊瑚杯外周直径 2.2～2.6 mm，第一轮隔片长达 2/3 内半径，第二轮不发育或仅为刺状；辐射珊瑚杯散布，小型的紧贴管状，开口圆形，口袋状；珊瑚杯壁和共骨上为密集排列的小刺，小刺末端精细复杂。

生活时为奶油色、棕色或蓝色。多生于浅水珊瑚礁生境，尤其是受庇护的潟湖内的点礁。广泛分布于印度-太平洋海区。

38 奇枝鹿角珊瑚
Acropora loripes (Brook, 1892)

群体生长型和骨骼特征尤其多变,即使相同生境也表现出明显差异,常见为瓶刷状、伞房状、灌丛状或厚板状,通常以中央或边缘部位固着于基底;伞房状和灌丛状群体的轴珊瑚杯通常较长,而板状群体的轴珊瑚杯通常呈鼓起的球状,分枝末端轴珊瑚杯的外围可见浸埋型珊瑚杯,新生轴珊瑚杯长短不一,或发育不良很短,或发育成小枝,而且其上表面常无辐射珊瑚杯发育,辐射珊瑚杯仅分布于小枝下表面;群体通常有主枝,主枝上有主要分枝,再生出小枝,小枝直径 5～12 mm,长可达 4.5 cm;轴珊瑚杯外周直径 2.5～3.7 mm,有时甚至可以加厚至 7 mm,第一轮隔片长达 2/3 内半径,第二轮部分发育,约 1/4 内半径;主枝基部的辐射珊瑚杯浸埋型或亚浸埋型,分枝末端的辐射珊瑚杯则呈紧贴管状,开口圆形或稍呈鼻形,第一轮隔片长达 2/3 内半径,第二轮部分发育,约 1/4 内半径;珊瑚杯壁和共骨上为密集排列的小刺,小刺末端精细复杂。

生活时为淡蓝色、浅棕色或红棕色。多生于上礁坡,但可见于各种珊瑚礁生境。广泛分布于印度-太平洋海区。

39 标准鹿角珊瑚
Acropora speciosa (Quelch, 1886)

群体为边缘固着的薄板状，直径可达 50 cm，水平分枝交汇联合，其上长出垂直小分枝，小分枝直径 2～4 mm，长 15 mm，多成组排列；轴珊瑚杯外周直径 0.6～1.5 mm，第一轮隔片部分或全部长达 1/4 内半径，第二轮不发育；辐射珊瑚杯仅分布于小分枝基部，每个小分枝侧面辐射珊瑚杯数多小于 5，紧贴管状或鼻形，开口圆形或卵圆形，第一轮隔片部分或全部长达 1/4 内半径，第二轮不发育；珊瑚杯壁和共骨均为紧密排列的小尖刺。

生活时为奶油色，轴珊瑚杯中心呈亮色。多生于受庇护的珊瑚礁生境。分布于印度-太平洋海区，不常见但很显眼。

40 威氏鹿角珊瑚
Acropora willisae Veron & Wallace, 1984

群体为伞房板状或簇生伞房状，直径可达 1 m，分枝圆柱形，直径 4～8 mm，长约 3 cm，分布均匀，分枝末端有多个轴珊瑚杯；轴珊瑚杯突出，长 5 mm 以下，外周直径 0.9～2.6 mm，隔片两轮不等大，第一轮隔片长达 2/3 内半径，第二轮隔片无或仅 1/4 内半径；辐射珊瑚杯分布均匀而稀疏，紧贴管状，开口圆形或稍呈鼻形，第一轮隔片长达 1/4 内半径，第二轮隔片无或仅为刺状；珊瑚杯壁和共骨上布满致密的精细小刺。

生活时多为灰色、奶油色或蓝色。生于各种珊瑚礁生境。分布于印度-太平洋海区，仅在西澳大利亚常见，其他地方偶见。

Acropora muricata 组群

群体分枝状，分枝形式较为开阔，呈树状甚至松散的桌状；辐射珊瑚杯管状，大小均匀或不一，开口形态变化也较大；共骨多为简单小刺形成的网状。

41 繁枝鹿角珊瑚
Acropora acuminata (Verrill, 1864)

群体为伞房状或丛生伞房状；分枝直径 7～15 mm，长可达 8 cm，向上弯曲且逐渐变细，由于辐射珊瑚杯突出，因此分枝呈刺状；轴珊瑚杯外周直径 1.6～2.9 mm，第一轮隔片长可达 2/3 内半径，第二轮隔片约 1/2 内半径；辐射珊瑚杯管状，分布不拥挤，通常不接触而且排列整齐，开口卵圆形到鼻形且多向上弯曲，因此开口末端通常较为尖锐，第一轮隔片长可达 1/2 内半径；杯壁为珊瑚肋沟槽状，上有小刺，杯间共骨粗糙网状，布满小刺和不规则肋状。

生活时为奶油色、淡蓝色或淡棕色。多生于在礁斜坡。广泛分布于印度 - 太平洋海区。

42 巨枝鹿角珊瑚
Acropora grandis (Brook, 1892)

群体呈开放的分枝树状，通常有垂直分枝和匍匐水平分枝，分枝末端很脆弱；分枝直径 5～25 mm，最长可达 40 cm；轴珊瑚杯外周直径 1.5～3 mm，第一轮隔片长达 3/4 内半径，第二轮隔片无或仅可见；辐射珊瑚杯通常由分枝直接向外伸展，大小相差较大，分布不拥挤，管状，开口圆形到椭圆形，第一轮隔片部分发育，长约 1/4 内半径；杯壁多为沟槽状珊瑚肋，杯间共骨网状，装饰有小刺。

生活时常为暗红棕色，分枝末端颜色浅。生于各种珊瑚礁生境，尤其是上礁坡和潟湖。广泛分布于印度-太平洋海区。

43 美丽鹿角珊瑚
Acropora muricata (Linnaeus, 1758)

群体为分枝树状，分枝末端变细；分枝直径 8～20 mm，最长可达 20 cm，在海浪强劲的浅水区域分枝粗短，而在平静的深水区分枝相对瘦长且间距大；轴珊瑚杯外周直径 1.5～3 mm，第一轮隔片长达 1/2 内半径，第二轮 1/3 内半径；辐射珊瑚杯大小均一或变化较大，管状或紧贴管状，开口圆形到倾斜圆形，第一轮隔片长达 1/2 内半径，第二轮刺状；杯壁为沟槽状珊瑚肋或整齐分布的小刺，杯间共骨网状，上点缀有小刺。

生活时通常为棕色、奶油色、绿色棕黄色。多生于礁坡和潟湖。广泛分布于印度-太平洋海区。*Acropora formosa* 是该种珊瑚的同物异名，由于美丽鹿角珊瑚的中文名被广泛使用，拉丁名 *Acropora formosa* 作同物异名处理，但保留其中文名。

44 华伦鹿角珊瑚
Acropora valenciennesi (Milne Edwards, 1860)

群体分枝形桌状，分枝较为分散且向上弯曲，分枝间隔和长基本相等；分枝直径 8～20 mm，长可达 15 cm；轴珊瑚杯外周直径 2～3.5 mm，第一轮隔片长达 1/2 内半径；辐射珊瑚杯大小均一，分布整齐而不拥挤，管状，卵圆形到鼻形或二分状开口，第一轮隔片长约为 1/3 内半径，第二轮不发育或 1/4 内半径；杯壁为沟槽状珊瑚肋，合隔桁连接结构明显，杯间共骨网状，有少量简单小刺。

生活时常为棕色或蓝色，分枝末端色浅。多生于受风浪影响较小的礁斜坡。广泛分布于印度-太平洋海区。

Acropora nasuta 组群

群体为伞房状；辐射珊瑚杯在分枝直径占比较大，辐射珊瑚杯为鼻形或管鼻形，大小一致或两种类型；共骨均为简单小刺形成的网状结构，有时在杯壁排成珊瑚肋。

45 谷鹿角珊瑚
Acropora cerealis (Dana, 1846)

群体为灌木丛状或伞房状，以中央或边缘固着于基底；分枝相互交联，直径 4～10 mm，长可达 5 cm；轴珊瑚杯外周直径 1～2.2 mm，第一轮隔片长达 2/3 内半径；辐射珊瑚杯大小均匀且分布整齐，鼻形管状或紧贴管状，开口延长，外壁向上延伸，有时呈钩状，第一轮隔片长达 1/3 内半径，第二轮无或仅可见；珊瑚杯壁和共骨为珊瑚肋或整齐排列的侧扁小刺。

生活时为淡棕色、奶油色或淡紫色。多生于外礁坪和礁坡。广泛分布于印度-太平洋海区。

46 宽片鹿角珊瑚
Acropora lutkeni Crossland, 1952

群体为不规则分枝状或粗壮分枝形成的伞房状，中央或边缘附于基底之上；分枝直径 10～45 mm，分枝长可达 8 cm，分枝长短不一或相差不多，末端有新生轴珊瑚杯或小分枝；轴珊瑚杯外周直径 1.9～4.3 mm，第一轮隔片长达 2/3 内半径；辐射珊瑚杯大小不一且分布拥挤，最长可达 5 mm，因此辐射珊瑚杯并不比轴珊瑚杯小，辐射珊瑚杯多为管状，开口圆形或鼻形，第一轮隔片长达 1/3 内半径；珊瑚杯壁，上有密集分布的侧扁小刺，共骨网状上有片状的小刺。

生活时为棕色、蓝色或紫色。多生于海流强劲的浅水礁坡。分布于印度-太平洋海区，不常见。

47 鼻形鹿角珊瑚
Acropora nasuta (Dana, 1846)

群体伞房状或形成小型的桌状，中央或边缘附于基底之上；分枝渐细，直径 7～12 mm，长可达 7 cm；轴珊瑚杯外周直径 1.4～3.0 mm，第一轮隔片长达 3/4 内半径；辐射珊瑚杯大小分布均匀，鼻形，开口圆形或稍呈二分状，第一轮隔片长达 2/3 内半径，第二轮隔片部分发育，仅可见痕迹；杯壁为沟槽状珊瑚肋或成排而列的侧扁小刺，杯间共骨网状，上有散布的小刺。

生活时为淡棕色或奶油色，分枝末端蓝色。多生于上礁坡。广泛分布于印度-太平洋海区。

48 穗枝鹿角珊瑚
Acropora secale (Studer, 1878)

群体为灌丛状或伞房状，由中央或边缘固着于基底上；分枝逐渐变细，直径 7～20 mm，长可达 7 cm；轴珊瑚杯外周直径 1.4～3.3 mm，第一轮隔片长达 3/4 内半径，第二轮隔片部分发育，约 1/3 内半径；辐射珊瑚杯稍拥挤，或为长管状，开口圆形或鼻形，或为短鼻形，两种形态常各自成竖列分布，自上而下辐射珊瑚杯逐渐变大，第一轮隔片长达 1/3 内半径；珊瑚杯壁为致密的小刺，杯间共骨网状，上有均匀分布的小刺。

生活时颜色多变，为奶油色、黄色、棕色或蓝色，轴珊瑚杯紫色或黄色。生于多种珊瑚礁生境。广泛分布于印度 - 太平洋海区。

49 强壮鹿角珊瑚
Acropora valida (Dana, 1846)

群体为伞房状、丛生伞房状或小型桌状；分枝直径 7～20 mm，长可达 6 cm；轴珊瑚杯外周直径 1.6～2.8 mm，第一轮隔片长达 1/2 内半径，第二轮隔片无或可达 1/3 内半径；辐射珊瑚杯大小均一或相差很大，分布拥挤，紧贴管状到管鼻形，圆形或椭圆形开口，第一轮隔片长达 2/3 内半径；珊瑚杯壁和共骨为密布分布着致密均匀排列的小刺，有时珊瑚杯壁上有沟槽状珊瑚肋。

生活时为奶油色或淡棕色，分枝末端有时呈紫色。生于多种珊瑚礁生境。广泛分布于印度-太平洋海区。

Acropora robusta 组群

群体分枝状，有时伞房状或指形，分枝形式简单，分枝粗壮；轴珊瑚杯在分枝直径中占比较大，辐射珊瑚杯二态，二分开口的长管状辐射珊瑚杯之间散布着亚浸埋型；珊瑚杯壁为珊瑚肋，杯之间共骨为网状；组群内物种之间的主要区别为分枝和群体的形态。

50 丘突鹿角珊瑚
Acropora abrotanoides (Lamarck, 1816)

群体为分枝桌状或亚分枝树状；分枝直径变化较大，主枝粗壮，基部直径最大可达 11 cm，通常横向伸展，末端部位分出许多短的小分枝；轴珊瑚杯外周直径 2～2.5 mm，第一轮隔片长达 2/3 内半径；辐射珊瑚杯有两种形态，二分开口的长管状珊瑚杯之间散布着亚浸埋型，辐射珊瑚杯在分枝末端很拥挤，而且二态现象更明显，第一轮隔片长达 1/3 内半径；杯壁为平滑的沟槽状珊瑚肋，珊瑚杯之间共骨网状，偶有小刺。

生活时为深褐色或灰绿色。多生于浅海礁区，尤其是海浪强劲的潮间带或礁缘地带。广泛分布于印度-太平洋海区。

51 中间鹿角珊瑚
Acropora intermedia (Brook, 1891)

群体分枝树丛状，分枝夹角为 45°～90°，末端逐渐变细；分枝直径 12～25 mm，长可达 11 cm；轴珊瑚杯外周直径 2.5～4 mm，第一轮隔片长达 3/4 内半径；辐射珊瑚杯分布均匀整齐，两种类型，即二分开口的长管状珊瑚杯之间杂以亚浸埋型，第一轮隔片长达 2/3 内半径，第二轮 1/4 内半径；杯壁为平滑的沟槽状珊瑚肋，杯间共骨网状，偶有简单的小刺。

生活时为奶油色、棕色、灰绿色或蓝色。生于各种珊瑚礁生境，从上礁坡到潟湖。广泛分布于印度 - 太平洋海区。

52 匍匐鹿角珊瑚
Acropora palmerae Wells, 1954

群体皮壳状，偶可见短分枝；分枝直径 7～25 mm，长 3.5 cm；轴珊瑚杯外周直径 2.1～2.8 mm，第一轮隔片长达 1/2 内半径，第二轮约 1/4 内半径；辐射珊瑚杯稍拥挤，多数辐射珊瑚杯为亚浸埋型，鼻形或二分开口，仅在群体的部分区域存在二态，即二分开口的长管状珊瑚杯杂以浸埋型，第一轮隔片长达 1/2 内半径；杯壁为沟槽状珊瑚肋，杯间共骨网状，偶有简单的小刺。

生活时为浅棕色或绿色。多生于海浪强劲的礁坪等地带。广泛分布于印度 - 太平洋海区，不常见。

53 多盘鹿角珊瑚
Acropora polystoma (Brook, 1891)

群体不规则灌丛状或伞房状；分枝直径 5 ～ 15 mm，长可达 10 cm，分枝长和形状通常相同；轴珊瑚杯外周直径 2 ～ 4 mm，第一轮隔片长达 3/4 内半径；辐射珊瑚杯分布拥挤，两种类型，长管状开口二分或倾斜圆形，其间散布着亚浸埋型，第一轮隔片长达 1/4 内半径；杯壁由平滑的沟槽状珊瑚肋，珊瑚杯之间共骨网状，偶有小刺。

生活时棕色、黄色或蓝色。多生于受强风浪影响的上礁坡。广泛分布于印度 - 太平洋海区，但不常见。

54 壮实鹿角珊瑚
Acropora robusta (Dana, 1846)

群体多有皮壳状基部，上生出锥形分枝，或呈低矮的分枝桌状；分枝直径 12～55 mm，中央分枝锥状或指状，周边分枝延长可达 25 cm，通常群体中间部位和周边的分枝形态差异较大；轴珊瑚杯外周直径 2～4 mm，第一轮隔片长达 3/4 内半径；辐射珊瑚杯有两种形态，二分开口的长管状珊瑚杯之间散布着浸埋型的珊瑚杯，中央锥形分枝上辐射珊瑚杯的二态现象不明显，第一轮隔片长达 1/2 内半径；杯壁为平滑的沟槽状珊瑚肋，杯间共骨网状，偶有小刺。

生活时为绿色、淡褐色或咖啡色。多生于浅水珊瑚礁区，尤其是受强风浪影响较大的礁缘。广泛分布于印度-太平洋海区。

Acropora rudis 组群

群体分枝粗壮，分枝的形式较简单但不规则；轴珊瑚杯大，在分枝直径中占比例较大；辐射珊瑚杯为圆管状，分布均匀或拥挤，辐射珊瑚杯壁较厚，由多圈合隔桁合并形成，共骨上为精细复杂的小刺。

55 简单鹿角珊瑚
Acropora austera (Dana, 1846)

群体丛生灌木状到不规则瓶刷状或分枝状；分枝直径 8 ~ 35 mm，长可达 8 cm；轴珊瑚杯大而明显，外周直径 2.2 ~ 3.8 mm，开口较小，第一轮隔片长达 3/4 内半径；辐射珊瑚杯圆管状，大小不一，分布拥挤，开口圆形到方形，第一轮隔片长达 1/3 内半径，第二轮无或仅可见；珊瑚杯壁和共骨上多为网状，上面布满精致复杂的小刺，杯壁有时为沟槽状珊瑚肋。

生活时为棕黄色或棕绿色。多生于海浪强劲的上礁坡。广泛分布于印度-太平洋海区。

Acropora selago 组群

群体伞房状、伞房桌状、分枝状或瓶刷状；辐射珊瑚杯耳蜗状（cochleariform），大小均匀，内杯壁较短或发育不良，外壁形成延展的唇瓣；杯壁为珊瑚肋，杯之间的共骨为简单小刺形成的网状；组群内差异主要体现在辐射珊瑚杯唇瓣发育程度和群体形态的不同。

56 赤岛鹿角珊瑚
Acropora akajimensis Veron, 1990

群体为不规则分枝形成的低矮灌丛状，由致密且不断分叉的匍匐分枝形成；分枝直径 5～15 mm，分枝末端逐渐变细且分出许多小枝；轴珊瑚杯外周直径 2.2～3.1 mm，隔片两轮不等大；主枝上的辐射珊瑚杯大小不一，紧贴管状和亚浸埋型混杂，小枝上的辐射珊瑚杯管状，内壁几乎不发育，外壁突出外张形成明显的唇瓣，第一轮隔片几乎等于内半径，第二轮隔片约 1/3 内半径；辐射珊瑚杯壁为沟槽状珊瑚肋，杯间共骨上也可见沟槽状珊瑚肋。

生活时多为蓝色或浅棕色。多生于浅水礁坪和礁坡。主要分布于西太平洋海区。

57 石松鹿角珊瑚
Acropora selago (Studer, 1879)

群体簇生伞房状或匍匐状，通常以基部边缘附着于基底上；分枝瘦长圆柱状，直径 3～8 mm，长达 4 cm；轴珊瑚杯外周直径 1.1～2.4 mm，第一轮隔片长达 1/2 内半径，第二轮不发育或 1/3 内半径；辐射珊瑚杯大小分布均匀，稍拥挤，耳蜗状，内壁不发育，外壁向上伸出呈唇瓣状，唇瓣部分遮盖杯口呈鳞片状，第一轮隔片长达 1/3 内半径，第二轮部分发育，约 1/4 内半径；杯壁和共骨上为平滑的沟槽状珊瑚肋或排成列简单的扁平小刺。

生活时为浅黄色、棕蓝色或棕色。生于各种珊瑚礁生境，从上礁坡到潟湖。广泛分布于印度-太平洋海区。

58 柔枝鹿角珊瑚
Acropora tenuis (Dana, 1846)

群体伞房状到簇生伞房状；分枝圆柱形，排列紧凑规则，直径 6～12 mm，长可达 9 cm，辐射珊瑚杯对分枝直径贡献较大；轴珊瑚杯外周直径 1.8～3.4 mm，第一轮和第二轮隔片长均为 1/3 内半径；辐射珊瑚杯大小均匀，分布拥挤，耳蜗状，开口圆形，唇瓣明显向外扩张，分枝末端的辐射珊瑚杯唇瓣则向上伸展，第一轮隔片长达 2/3 内半径，第二轮部分发育，长约 1/4 内半径；辐射珊瑚杯和共骨上为平滑的沟槽状珊瑚肋或简单的扁平小刺成列分布。

生活时为奶油色、黄色、绿色或棕色。生于各种珊瑚礁生境，从上礁坡到潟湖。广泛分布于印度-太平洋海区。

59 杨氏鹿角珊瑚
Acropora yongei Veron & Wallace, 1984

群体为开放的分枝树丛状，分枝密而多；直径 8～15 mm，长达 11 cm；轴珊瑚杯外周直径 1.8～3.5 mm，第一轮隔片长达 2/3 内半径，第二轮隔片长约 1/3 内半径；辐射珊瑚杯大小形状规则，分布拥挤，耳蜗状，圆形唇瓣明显向外突出，第一轮隔片长达 1/2 内半径，第二轮部分发育，长约 1/4 内半径；杯壁为平滑的沟槽状珊瑚肋，共骨上简单的小刺按行排列。

生活时为浅棕色、棕黄色或奶油色。多生于浅水珊瑚礁区。广泛分布于印度-太平洋海区。

Acropora verwyi 组群

群体形态变异尤其大，伞房状、分枝状或灌丛状；轴珊瑚杯明显，辐射珊瑚杯紧贴呈管状，开口圆形，外壁加厚且外突，轴珊瑚杯多为亮黄色，珊瑚虫蓝紫色。

60 小丛鹿角珊瑚
Acropora verweyi Veron & Wallace, 1984

群体整体形态变化极大，可为分枝树状、指状或灌丛伞房状；分枝渐细或近圆柱形，直径 5～10 mm，长可达 10 cm；轴珊瑚杯外周直径 2.8～3.5 mm，第一轮隔片长达 3/4 内半径，第二轮隔片可达 1/3 内半径，第三轮隔片有时部分发育；辐射珊瑚杯大小形状一致，分布均匀，几乎排成列，稀疏而不接触，紧贴管状，外杯壁加厚且向外突出形成圆形的开口，第一轮隔片长达 3/4 内半径，第二轮隔片 1/3 内半径；珊瑚杯壁和共骨网状，上有侧扁或简单的小刺纵列而生。

生活时多为棕色、奶油色或浅棕色，分枝末端的轴珊瑚杯常为亮黄色。多生于上礁坡海流强劲处。广泛分布于印度-太平洋海区。

穴孔珊瑚属 *Alveopora* Blainville, 1830

群体为团块状或分枝状；珊瑚虫长管状，触手 12 个，排列不规则。

61 卡氏穴孔珊瑚
Alveopora cataliai Wells, 1968

群体为分枝状，由扭曲、多节瘤的分枝不断分叉形成，分枝不规则，直径约 1.5 cm，常形成直径超过 5 m 的大型单种群；珊瑚杯大，直径 3~5 mm，由小棒和小刺连锁形成的网状结构，隔片由上至下缓慢降至杯底部，隔片边缘布满小刺；水螅体大，触手末端球状，稍膨大。

生活时为深棕色或棕绿色，口盘常为白色。多生于深水软质基底或受庇护的浅水浑浊水体。分布于印度-太平洋海区，不常见但较明显。

62 高穴孔珊瑚
Alveopora excelsa Verrill, 1864

群体多为扁平的亚团块状，通常发生分叶从而形成短柱状分枝，大型群体直径可超过 2 m；珊瑚杯多边形，直径 2~3 mm，形状大小不一；杯壁很薄，顶部边缘具有不规则的棘刺；隔片针状，轴柱仅有少数几个针棒状小梁组成。

生活时为灰色、淡棕色或棕色；水螅体在白天通常缩回，但有时也伸出从而群体表面呈拖把状。多生于受风浪影响较大的礁坡。主要分布于印度洋东部和太平洋西部，不常见。

63 海绵穴孔珊瑚
Alveopora spongiosa Dana, 1846

群体通常为厚的皮壳板状，有时也呈亚团块状，表面扁平或不规则，可形成直径达 2 m 的大型群体；珊瑚杯为多边形或圆形，直径 1.9 ~ 2.6 mm，杯壁多孔，由羽榍状小梁和合隔桁交联而成；隔片多退化，仅剩几个不规则的尖刺。

生活时多为灰棕色或深棕色；触手白天伸出，触手多大小交替排列，末端或尖或圆球形。多生于受庇护的上礁坡。广泛分布于印度 - 太平洋海区，但不常见。

假鹿角珊瑚属 *Anacropora* Ridley, 1884

群体分枝树状，共骨多孔，布满小刺，分枝末端没有轴珊瑚杯；辐射珊瑚杯小，排列不规则，圆锥形或浸埋型，内壁不发育，外壁有时伸出因此分枝表面刺状；隔片两轮，刺状，杯壁多孔。

64 福贝假鹿角珊瑚
Anacropora forbesi Ridley, 1884

群体分枝树状，分枝渐细、末端钝圆，分枝直径在 1 cm 以下，常以固定间隔分叉，分枝或致密或疏松；珊瑚杯直径 0.6 ~ 1 mm，分布均匀，圆锥形或浸埋型，外唇呈隆起状；隔片两轮，第一轮隔片长 1/3 到 3/4 内半径，第二轮隔片无或比第一轮稍短，长 1/3 到 1/2 内半径；共骨由紧密排列的复杂小刺组成，表面呈磨砂状。

生活时为浅棕色，末端颜色浅。多生于浅水、浑浊的珊瑚礁生境或深水软质沙底上，也可见于上礁坡。分布于印度 - 太平洋海区，不常见。

星孔珊瑚属 Astreopora Blainville, 1830

群体团块状、皮壳状或叶板状；无轴珊瑚杯，珊瑚杯浸埋型或短圆锥形，杯壁坚实；共骨由向外倾斜的小梁形成的网状结构，表面刺状。

65 兜状星孔珊瑚
Astreopora cucullata Lamberts, 1980

群体为厚板状或皮壳板状；珊瑚杯不规则，在凹面上常呈浸埋型，而在群体凸面则较为突出，珊瑚杯通常倾斜因此杯口椭圆形；小刺围绕珊瑚杯排列成羽毛状，有时可形成罩的结构部分掩盖珊瑚杯开口。

生活时为奶油色或浅棕色。多生于浅水珊瑚礁环境，尤其是浅且浑浊的生境。广泛分布于印度-太平洋海区。

66 疣星孔珊瑚
Astreopora gracilis Bernard, 1896

群体为团块状或半球形，珊瑚杯浸埋、锥状或管状，大小不均匀，分布亦不规则而且朝向不同，因此群体表面显得杂乱无序；珊瑚杯近圆形，直径 1.4～1.8 mm；第一轮隔片长 1/2 到 3/4 内半径，第二轮更短，第三轮有时发育；共骨上布满短而均匀的小刺，紧密排列，末端结构精细复杂。

生活时为淡奶油色、绿色或棕色。生于多种珊瑚礁生境，尤其是浅且浑浊的生境。广泛分布于印度-太平洋海区。

67 潜伏星孔珊瑚
Astreopora listeri Bernard, 1896

群体为半球团块状或扁平的皮壳状；珊瑚杯圆形，小而浸埋，直径 1～2 mm，分布通常很稀疏但有时也稍显拥挤；珊瑚杯杯口的小刺呈羽毛状，且比共骨上的小刺稍大；共骨上布满精美小刺，排列紧凑。

生活时为奶油色、棕色或棕绿色。生于各种珊瑚礁生境，尤其是浑浊的浅水生境。广泛分布于印度-太平洋海区，但不常见。

68 多星孔珊瑚
Astreopora myriophthalma (Lamarck, 1816)

群体团块状，半球形到扁平，表面较平坦；珊瑚杯突出，多为圆锥形，少数椭圆锥形，大小不等，直径 1.8～2.8 mm，分布均匀，小而浸埋的类型散布在大的圆锥形珊瑚杯之间；珊瑚杯外缘杯突出小刺包围，小刺沿纵向排成小梁形成类似珊瑚肋的结构；隔片边缘通常较为光滑，第一轮长达 3/4 内半径，第二轮短或仅稍有痕迹；共骨上有短而精细复杂的刺突。

生活时为奶油色、淡黄色或棕色。生于多种珊瑚礁生境。广泛分布于印度-太平洋海区。

69 圆目星孔珊瑚
Astreopora ocellata Bernard, 1896

群体为团块状、扁平皮壳状或圆顶状；珊瑚杯矮壮敦实，排列较为紧凑，杯壁厚，开口大，大珊瑚杯之间夹杂着小型个体，珊瑚杯圆形，直径最大 3.8 mm；第一轮隔片厚度由外向内逐渐变薄，一直延伸至珊瑚杯底部，长达 3/4 内半径，隔片在杯底有延长的齿突，有时交联成轴柱，第二轮隔片更短，第三轮有时可见；共骨粗糙海绵状，其上有小刺短，间距大。

生活时为淡奶油色或棕黄色。多生于浅水珊瑚礁，尤其是受风浪影响较大的上礁坡。广泛分布于印度-太平洋海区，但不常见。

70 蓝德尔星孔珊瑚
Astreopora randalli Lamberts, 1980

群体为扁平的皮壳状或板状；珊瑚杯多浸埋，分布拥挤，有时也呈锥状且向边缘倾斜；珊瑚杯直径 1.5 mm，开口圆形，隔片 6～12 个，珊瑚杯的外缘由突出的小刺向下排成列，形成类似珊瑚肋的结构，轴柱不发育；共骨上布满精细复杂的小刺，显得较为粗糙。

生活时为奶油色、绿色、灰色或棕色。多生于受庇护的珊瑚礁生境。广泛分布于太平洋，但不常见。

71 半球星孔珊瑚
Astreopora suggesta Wells, 1954

群体为半球形；珊瑚杯直径 0.7～1.25 mm，平均 1 mm，小但明显突出，稍微倾斜，珊瑚杯分布稀疏，杯间距通常为 1～3 个珊瑚杯直径的长度；隔片两轮，均为短刺状；共骨小刺短且钝，珊瑚杯周围的小刺相对较长。

生活时为棕色，珊瑚杯口盘的颜色较浅或鲜亮。多生于浅水珊瑚礁。分布于印度 - 太平洋海区，不常见。

同孔珊瑚属 *Isopora* Studer, 1879

群体分枝状或皮壳状；无轴珊瑚杯或在楔形分枝末端有多个珊瑚杯；杯壁和共骨上布满复杂迂回弯曲的小刺。

72 松枝同孔珊瑚
Isopora brueggemanni (Brook, 1893)

群体树丛状，分枝直径 6～18 mm，长可达 8 cm，末端通常有一个轴珊瑚杯，偶然可见有 2～3 个；轴珊瑚杯外周直径 2.9～4.5 mm，第一轮隔片长达 3/4 内半径；辐射珊瑚杯大小一致，不拥挤，珊瑚杯为短圆锥形或紧贴管状，第一轮隔片长达 1/3 内半径，第二轮 1/4 内半径；珊瑚杯壁和共骨上布满复杂迂回弯曲的小刺。

生活时为白色、棕色或灰绿色。多生于礁坪、礁坡和礁前缘。广泛分布于印度 - 太平洋海区。

鹿角珊瑚科 | 59

73 杯状同孔珊瑚
Isopora crateriformis (Gardiner, 1898)

群体皮壳状，最大可形成直径达 80 cm 的圆形群体；分枝末端无轴珊瑚杯或者偶然可见未发育成熟的轴珊瑚杯，一般难以分辨出，仅仅在短的刀片状突起边缘可以看出轴珊瑚杯，外周直径 1.5～2.2 mm，第一轮隔片约 1/3 内半径，第二轮不发育或约 1/4 内半径；辐射珊瑚杯分布拥挤接触，紧贴管状，明显的二分开口，珊瑚杯长 1～5 mm，第一轮隔片几乎等于内半径，第二轮约 1/3 内半径；珊瑚杯壁和共骨上布满迂回弯曲的小刺，小刺末端结构复杂。

生活时为棕色或绿色，分枝末端颜色较浅。生于多种珊瑚礁生境。广泛分布于印度-太平洋海区。

74 楔形同孔珊瑚
Isopora cuneata (Dana, 1846)

群体由长楔形或刀片状分枝构成，分枝长 1.5～15 cm，高可达 15 cm，刀楔形分枝边缘常有多个新生小分枝，无轴珊瑚杯或在分枝边缘有多个轴珊瑚杯；轴珊瑚杯外周直径 1.5～3.1 mm，第一轮隔片长几乎等于内半径，第二轮约 2/3 内半径，第三轮约 1/3 内半径；辐射珊瑚杯大小均匀，圆锥状，第一轮隔片长约 1/3 内半径，第二轮约 1/4 内半径；珊瑚杯壁和共骨上迂回弯曲的小刺致密排列，小刺末端结构复杂。

生活时多为奶油色或棕色。生于多种珊瑚礁生境，尤其是上礁坡和礁坪。广泛分布于印度-太平洋海区。

75 栅列同孔珊瑚
Isopora palifera (Lamarck, 1816)

群体为厚皮壳板状或楔形分枝状，分枝较宽，钝圆或刀片状，直径 1.5～15 cm，最长可达 20 cm，分枝末端通常有多个圆形轴珊瑚杯；轴珊瑚杯外周直径 2.8～4.2 mm，第一轮隔片几乎等于内半径，第二轮约 1/3 内半径；辐射珊瑚杯大而突出，长 1～5 mm，分布拥挤而接触，紧贴管状，明显的二分开口，珊瑚杯口部分的骨骼有许多精细的装饰，整体呈花朵状，第一轮隔片长几乎等于内半径，第二轮约 1/3 内半径；珊瑚杯壁和共骨上布满迂回弯曲的小刺，小刺末端结构复杂。

生活时为棕色或绿色。生于多种珊瑚礁生境。广泛分布于印度-太平洋海区。

蔷薇珊瑚属 *Montipora* Blainville, 1830

群体为叶片状、分枝状、表覆形、板状或亚团块状；珊瑚杯小，直径 2 mm 以下，无轴珊瑚杯；共骨网状，由垂直或水平的小梁相连交织而成；共骨平滑或有乳突（papillae）、疣突（verrucae）或融合形成脊塍（ridge）或瘤突结节（tuberculae）。

76 瘦叶蔷薇珊瑚
Montipora aequituberculata Bernard, 1897

群体为皮壳表覆形，或由薄且扁平或扭曲的叶片搭叠成层状，有时甚至形成部分重叠的螺旋管状；珊瑚杯直径 0.4～0.8 mm，浸埋到突出，珊瑚杯周围有杯壁乳突，乳突有时融合形成长而窄的脊塍，在群体边缘，珊瑚杯向外倾斜，有些杯壁乳突形成罩的结构；共骨为乳突型网状结构，表面显得尤为粗糙。

生活时为棕色或紫色。多生于浅水珊瑚礁区。广泛分布于印度-太平洋海区，是蔷薇珊瑚属最为常见及形态最为多变的种类之一。

77 直枝蔷薇珊瑚
Montipora altasepta Nemenzo, 1967

群体分枝树丛状，由直径约 6 mm 的分枝形成丛状，分枝基部常发生不规则交联融合；珊瑚杯多数浸埋，具有明显突出的下唇，因此分枝表面在水下看起来呈锉刀状。

生活时为棕色或灰色，分枝末端色浅。多生于隐蔽的浅水礁坡和潟湖及沙质基底上。主要分布于太平洋中西部。

78 角枝蔷薇珊瑚
Montipora angulata (Lamarck, 1816)

群体基部皮壳状，上生有丛状密集的短分枝；珊瑚杯直径 0.7～1 mm，分布均匀；共骨光滑或形成脊塍，珊瑚杯周围的共骨常形成尖而窄的脊塍，因此呈现为浅窝状。

生活时为浅棕色，分枝末端为白色。多生于礁坪。广泛分布于印度-太平洋海区，但为偶见种。

79 仙掌蔷薇珊瑚
Montipora cactus Bernard, 1897

群体呈亚团块状，或由薄片状表覆基底上长出许多垂直的指状或高柱状分枝；珊瑚杯明显突出；共骨上密布着长短均一的乳突。

生活时为浅棕色到棕黄色，而乳突和分枝的末端则呈现为亮白色。多生于较为隐蔽的环境，尤其是潟湖内的软质基底上，生于浑浊水体时，群体为板状基底和指状分枝，而生于礁坡时，群体则多为亚团块基底加柱状分枝。广泛分布于西太平洋。

80 杯形蔷薇珊瑚
Montipora caliculata (Dana, 1846)

群体团块状或皮壳状，表面有许多不规则的圆丘状突起；珊瑚杯或浸埋或漏斗形（foveolate），珊瑚杯边缘有明显的不连续的波纹状脊膴，高度也不同；珊瑚杯壁通常部分或全部消失，因此相邻的珊瑚杯可以连成短谷，而部分残留杯壁呈瘤突样；共骨上无乳突。

生活时为棕色或蓝色。生于多种珊瑚礁生境。广泛分布于印度-太平洋海区，但不常见。

81 龙骨蔷薇珊瑚
Montipora carinata Nemenzo, 1967

群体为由扭曲分枝形成的低矮丛状，高可达 6.5 cm，具有窄的皮壳状基部，分枝末端通常扁平；珊瑚杯分布不均匀，形状不规则，直径仅有 0.5 mm，因此较难辨认；共骨布满小乳突，大小不一，在分枝末端乳突常融合形成纵向的脊塍。

生活时为奶油色或棕色。多生于浅水珊瑚礁生境。分布于印度-太平洋海区，不常见。

82 圆突蔷薇珊瑚
Montipora danae Milne Edwards & Haime, 1851

群体团块状、亚团块状或边缘游离的板状；共骨表面布满疣突，疣突的形状和大小均不规则，多为圆突状或部分愈合呈短脊塍，在群体边缘常融合成辐射状的短脊塍，和群体边缘垂直；珊瑚杯小，浸埋型，仅位于疣突之间。

生活时为淡棕色，边缘颜色浅。多生于上礁坡和潟湖。广泛分布于印度-太平洋海区，较常见。

83 指状蔷薇珊瑚
Montipora digitata (Dana, 1846)

群体分枝状，基部分枝融合，分枝形态变化较大，圆柱形或稍扁平，小枝尖锥形或秃顶圆柱形；珊瑚杯小而明显，直径约 0.8 mm；共骨平滑型网状结构。

生活时多为奶油色、棕色和黄绿色。生于各种珊瑚礁生境，是潮间带和潮下带礁坪上的优势种，在浅水沙质基底常形成大型单种优势种群。广泛分布于印度 - 太平洋海区。

84 繁锦蔷薇珊瑚
Montipora efflorescens Bernard, 1897

群体亚团块状或基部皮壳，表面有许多拥挤的丘状突起或短柱状突起，常融合形成球形隆起，群体边缘卷曲；共骨上布满乳突，突起部位的乳突明显较长，同时杯壁乳突（thecal papillae）比共骨乳突长，而且常围绕珊瑚杯口形成一个环状结构。

生活时常为亮绿或深绿色，有时也呈奶油色、棕色或蓝色。多生于浅水上礁坡。广泛分布于印度 - 太平洋海区，常见。

85 叶状蔷薇珊瑚
Montipora foliosa (Pallas, 1766)

群体基部皮壳上生有宽而薄的叶片，边缘稍内卷，叶片常搭叠成层状或卷曲成螺旋状，可形成直径达数米的大群体；珊瑚杯直径 0.6～0.8 mm；共骨为瘤突型网状结构，叶片上的瘤突可形成辐射状的脊塍，尤其是边缘部分的脊塍，垂直于边缘，最长可达 4 cm，珊瑚杯位于脊塍之间排成列。

生活时为奶油色、粉红色或棕色，群体边缘颜色浅。生于各种珊瑚礁生境，尤其是较为隐蔽的上礁坡。广泛分布于印度-太平洋海区，较为常见。

86 浅窝蔷薇珊瑚
Montipora foveolata (Dana, 1846)

群体团块状或厚板状，群体表面有瘤状突起，边缘皮壳状，多游离；珊瑚杯大，直径 1.5 mm，浸埋型，呈浅窝-漏斗形，珊瑚杯开口位于漏斗的基部；共骨上无乳突或瘤突，共骨网状结构上的小刺结构相对简单因此显得光滑且多孔。

生活时为淡棕色、奶油色或蓝色，白天有时可见亮蓝色或绿色的触手部分伸展出，漏斗的边沿颜色较浅。生于多种珊瑚礁生境。广泛分布于印度-太平洋海区。

87 青灰蔷薇珊瑚
Montipora grisea Bernard, 1897

群体团块状、亚团块状或厚的皮壳板状；珊瑚杯通常较为突出，或既有突出也有浸埋型，直径在 0.6～0.8 mm；所有的珊瑚杯周围均有 2～7 个部分发生融合的杯壁乳突，杯壁乳突比共骨乳突明显要大且长，有时相邻珊瑚杯发生融合，乳突表面布满精细复杂的小刺。

生活时常为深棕色或深绿色，有时也呈浅色或亮色。多生于上礁坡。广泛分布于印度-太平洋海区，常见种。

88 鬃刺蔷薇珊瑚
Montipora hispida (Dana, 1846)

群体皮壳板状，表面有突起或不规则圆柱状分枝，外形随皮壳基底的外形而变化；珊瑚杯直径 0.8 mm，浸埋到突出都有，突出的珊瑚杯周围被 4～8 个杯壁乳突包围；共骨上也有乳突，但是小且更为分散；基底板状两面都有珊瑚杯，但背面的珊瑚杯小且稀疏。

生活时为奶油色或棕色。多生于水体浑浊的生境。分布于太平洋西部和红海，较为常见。

89 贺氏蔷薇珊瑚
Montipora hoffmeisteri Wells, 1954

群体厚皮壳状或亚团块状,边缘有时呈游离板状;群体表面布满尖锥形的结节,结节通常 2～4 mm,有时发生不规则的融合;珊瑚杯浸埋,主要坐落在结节之间及结节的侧面甚至顶部,直径 0.8 mm;隔片两轮,第二轮发育不全或无。

生活时为奶油色或棕色,有时也呈亮色。生于各种珊瑚礁生境。分布于印度-太平洋海区,不常见但较显眼。

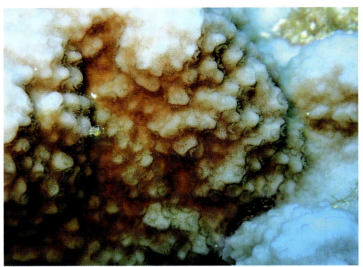

90 厚板蔷薇珊瑚
Montipora incrassata (Dana, 1846)

群体呈皮壳状或亚团块状,表面有时可见扭曲的柱状突起或分枝;珊瑚杯浸埋或突出,形态多变,杯状、管状或鼻形,当珊瑚杯位于结节的侧面时即呈现为鼻形,结节有时愈合成短脊塍。

生活时为均一的浅棕色或紫色,水螅体颜色通常较浅。多生于上礁坡。主要分布于印度洋东部和太平洋西部,不常见。

91 变形蔷薇珊瑚
Montipora informis Bernard, 1897

群体皮壳状、板状到团块状；珊瑚杯浸埋，分布均匀；共骨表面布满大小均一的乳突，乳突延长且排列紧凑致密，末端小刺结构较复杂，无明显的杯壁乳突。

生活时常为棕色，乳突末端为白色或蓝色，白天可见白色的水螅体触手伸出。多生于上礁坡。广泛分布于印度-太平洋海区。

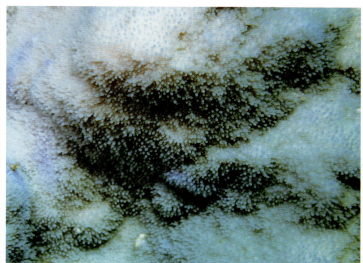

92 多曲蔷薇珊瑚
Montipora maeandrina (Ehrenberg, 1834)

群体皮壳状，通常较小；表面布满扭曲、不规则的大型疣突，疣突常发生融合形成短脊塍，但没有一定的排列形态和模式；珊瑚杯很小，直径在 1 mm 以下，多数位于乳突之间和乳突侧面，少数位于乳突之上。

生活时多为淡棕色或粉红色。多生于浅水礁前缘。分布于印度-太平洋海区，不常见。

93 单星蔷薇珊瑚
Montipora monasteriata (Forskål, 1775)

群体皮壳块状或厚板状，表面起伏不平，板状群体的单面或双面均有水螅体，可以形成层叠的大群体；珊瑚杯直径 0.6 ~ 0.7 mm，肉眼可以看到星状的珊瑚杯；共骨为乳突型网状结构，其上布满乳突或瘤突，直径在 0.4 ~ 1.5 mm，其上有精细复杂的小刺；珊瑚杯多为浸埋型，仅位于乳突或瘤突之间，当珊瑚杯周边的乳突或瘤突发生融合时也可呈现为亚浅窝 - 漏斗状；板状群体边缘的乳突或瘤突有时也融合成短的脊塍，和边缘垂直，生于海浪强劲处时群体表面多发育较大的瘤突。

生活时为浅棕色、绿色、粉红色或蓝色。多生于上礁坡。广泛分布于印度 - 太平洋海区，较常见。

94 柱节蔷薇珊瑚
Montipora nodosa (Dana, 1846)

群体团块状、亚团块状或皮壳状，表面平整或有节瘤状突起，突起大小形状通常不规则且不形成柱状；珊瑚杯浸埋到突出，直径 0.7 ~ 1.3 mm，珊瑚杯由融合成杯壁乳突包围，可形成管状；共骨上也有乳突，乳突上有复杂精细的小刺。

生活时为浅棕色、红色、绿色或蓝色。多生于浅水珊瑚礁生境。广泛分布于印度 - 太平洋海区，通常不常见。

95 巴拉望蔷薇珊瑚
Montipora palawanensis Veron, 2000

群体亚团块状或板状；群体表面通常均匀地布满大而明显的疣突，疣突通常发生融合形成不规则的脊膛，在板状群体的边缘疣突辐射状排列成列；珊瑚杯直径多小于1 mm，浸埋于疣突之间。

生活时为棕色、蓝色或杂色，亮蓝色或绿色的触手白天会伸出。多生于上礁坡。广泛分布于印度-太平洋海区，不常见。

96 翼形蔷薇珊瑚
Montipora peltiformis Bernard, 1897

群体亚团块状或平板状，表面平整或有节瘤状突起，突起大小形状通常不规则，有时呈柱状；珊瑚杯多数为浸埋，在突起之间的凹陷处分布尤其密集，直径约0.6 mm，板状群体的背面通常也有小而分散的珊瑚杯；扁平部位的珊瑚杯多为浸埋，而瘤突上的珊瑚杯则突出，其周边的杯壁乳突不规则且围成边框，瘤突上的杯壁乳突和共骨乳突稍有些不同。

生活时为浅棕色，珊瑚虫多呈蓝色或紫色。多生于浅水礁坡。广泛分布于印度-太平洋海区。

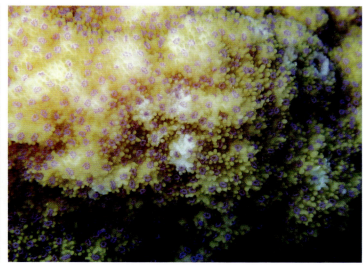

97 微孔蔷薇珊瑚
Montipora porites Veron, 2000

群体基部皮壳状，上生不规则分枝，分枝或紧凑或稀疏；共骨表面有明显的脊膵，珊瑚杯深埋于脊膵之间；珊瑚杯单个分布或相连成短谷；珊瑚虫和珊瑚杯的骨骼结构均类似于滨珊瑚。

生活时为浅棕色或灰色，脊膵颜色较浅。多生于受庇护的浅水生境和礁坡。分布于太平洋西部，偶见种。

98 指蔷薇珊瑚
Montipora samarensis Nemenzo, 1967

群体为分枝丛状，分枝直径在 6 mm 以下，常发生不规则融合或形成致密的灌丛状；珊瑚杯小，直径 0.5 mm，分布均匀；活体时共骨明显隆起，珊瑚杯深窝状。

生活时为淡棕色，分枝末端白色。多生于受庇护的浅水生境。分布于印度-太平洋海区，有时常见。

99 斑星蔷薇珊瑚
Montipora stellata Bernard, 1897

群体为小型的板状或分枝状，板状群体多扭曲，层层搭叠或卷成叶状，分枝状群体由扭曲交汇的分枝形成，高度在 30 cm 以下，有时为板状和分枝状混合生长型；珊瑚杯浸埋，直径 0.8 mm，杯壁乳突较多，不规则，排列紧密，有时形成短而不规则的脊塍，杯壁乳突比共骨乳突稍大。

生活时为奶油色、浅棕色或蓝色，分枝末端白色。多生于受庇护的浑浊水体。广泛分布于印度-太平洋海区，较常见。

100 截顶蔷薇珊瑚
Montipora truncata (Zou, Song & Ma, 1975)

群体基部皮壳状，表面升起众多的大小不一，扭曲的扁平分枝，分枝顶端截形并裂开；珊瑚杯小，直径 0.5 mm；共骨上布满弯曲不规则的脊塍，珊瑚杯位于脊塍之间且多连成谷，分枝末端的截顶上无珊瑚杯分布。

生活时为紫褐色或深棕色，顶端为黄色或白色。多生于浅水礁坪。分布于印度洋东部和太平洋西部。本种珊瑚由我国珊瑚分类学家邹仁林先生等于 1975 年首次发现、记录并命名，随后 Veron 于 2000 年将该珊瑚命名为 *Montipora vietnamensis* (Veron, 2000)，根据动物命名法的优先权原则，以第一厘定者的命名为准，因此认定截顶蔷薇珊瑚 *Montipora truncata* 为有效名，而 *Montipora vietnamensis* 为同物异名。

101 结节蔷薇珊瑚
Montipora tuberculosa (Larmark, 1816)

群体亚团块状、皮壳状或板状，表面通常光滑，有时也可见不规则的丘突；珊瑚杯小，浸埋或突出，分布均匀，直径 0.7 mm；群体表面布满乳突，乳突表面布满精细的小刺，乳突大小约等于一个珊瑚杯直径，有时乳突也发生融合形成更大的结节，珊瑚杯位于乳突之间，乳突上无珊瑚杯分布；共骨粗糙海绵状。

生活时通常为暗棕色或绿色，有时也为亮色，如紫色、蓝色或黄色。生于多种珊瑚礁生境。广泛分布于印度 - 太平洋海区，较为常见。

102 膨胀蔷薇珊瑚
Montipora turgescens Bernard, 1897

群体皮壳状、团块状、半球形或柱状，生于风浪强劲的生境时表面形成许多小丘状突起，突起大小变化大，直径 3～12 mm；珊瑚杯多而密，均匀分布于突起之上或之间，直径 0.7～0.9 mm；共骨海绵状，为浅窝型网状结构，无共骨乳突或瘤突。

生活时为棕色、奶油色或紫色。生于各种珊瑚礁生境。广泛分布于印度 - 太平洋海区。

103 波形蔷薇珊瑚
Montipora undata Bernard, 1897

群体为水平或垂直的板状，或厚的柱状或分枝状；群体表面布满结节，常融合成脊塍，边缘位置的脊塍通常互相平行且和群体边缘垂直；珊瑚杯浸埋型，直径0.4～0.6 mm，位于脊塍之间的区域。

生活时为紫色、蓝色或绿色。多生于上礁坡。广泛分布于印度-太平洋海区。

104 脉状蔷薇珊瑚
Montipora venosa (Ehrenberg, 1834)

群体团块状或亚团块状；珊瑚杯有变化，可以是稍微突出、浸埋型或漏斗形，直径达0.8～1 mm；珊瑚杯之间的网状共骨较为明显，共骨宽通常等于或大于珊瑚杯直径；共骨上无乳突或结节，为平滑型网状结构。

生活时为淡棕色或蓝色。生于多种珊瑚礁生境。广泛分布于印度-太平洋海区，不常见。

105 细疣蔷薇珊瑚
Montipora verruculosa Veron, 2000

群体多为厚的水平板状，直径最大可超过 2 m；板状群体表面布满圆形的疣突，疣突直径平均 2 mm，大小较为均一，疣突仅在群体边缘 5 cm 以内会排列成辐射状的脊，在其他部位排列相对规则而均匀；珊瑚杯小，浸埋型，直径约 0.5 mm，位于疣突之间。

生活时颜色多为灰色或灰绿色。多生于上礁坡和潟湖。主要分布于太平洋西部，不常见。

106 疣突蔷薇珊瑚
Montipora verrucosa (Lamarck, 1816)

群体皮壳状、亚团块状，可形成柱状或板状，群体表面均匀布满疣突，疣突大小形状相对均一，圆形，直径约 0.9 mm；珊瑚杯浸埋型，仅位于疣突之间的共骨上；共骨海绵状，疣突表面布满精细的小刺。

生活时通常为蓝色、棕色或杂色。多生于上礁坡和潟湖。广泛分布于印度-太平洋海区，有时常见。

菌珊瑚科
Agariciidae Gray, 1847

菌珊瑚科在印度 - 太平洋海区共有 6 个属，为西沙珊瑚属 *Coeloseris*、加德纹珊瑚属 *Gardineroseris*、薄层珊瑚属 *Leptoseris*、厚丝珊瑚属 *Pachyseris* 和牡丹珊瑚属 *Pavona*。最新的分子系统学研究显示牡丹珊瑚属和其他 4 个属的亲缘关系较远，暗示其可能归属于另外一个科，但仍需要更多研究证据，此处仍将其归于菌珊瑚科。

菌珊瑚科营群体性生活，仅有少数化石种为单体，生长型为团块状、板状或叶片状，无性生殖方式为内触手芽生殖或口周芽生殖（circumoral budding）；珊瑚杯壁无、发育不良或由合隔桁围成；隔片薄且分布均匀，相邻珊瑚杯的隔片多汇合相连形成隔片 - 珊瑚肋（septo-costae）。

菌珊瑚科是石珊瑚目形态较为独特且容易辨认的类群之一。生于各种珊瑚礁生境，如礁坡和潟湖。广泛分布于印度 - 太平洋海区。

西沙珊瑚属 *Coeloseris* Vaughan, 1918

单种属，团块状或皮壳状；珊瑚杯多角形排列，分布拥挤，多边形；杯壁清楚，由合隔桁形成，轴柱不发育。

107 西沙珊瑚
Coeloseris mayeri Vaughan, 1918

群体团块状或皮壳状，呈圆形或山丘状；珊瑚杯多边形或多角形，直径约 6 mm；珊瑚杯壁清楚，通常薄而尖，有时较厚，由合隔桁形成；隔片三轮，第一轮和第二轮隔片突出程度相当，第三轮短而不明显，相邻珊瑚杯的隔片相连或稍错开排列，轴柱不发育。

生活时为黄色、淡绿色或棕色，隔片边缘呈白色。多生于浅水上礁坡和潟湖。广泛分布于印度 - 太平洋海区。

加德纹珊瑚属 *Gardineroseris* Scheer & Pillai, 1974

单种属，多为团块状；珊瑚杯多边形，位于凹陷深处，表面具有明显的尖锐脊塍。

108 加德纹珊瑚
Gardineroseris planulata (Dana, 1846)

群体呈团块状或柱状或皮壳状或不规则状，皮壳状群体可见游离的板状边缘，群体表面常起伏不平；珊瑚杯多边形，单独排列或形成短谷，短谷中通常不超过 5 个珊瑚杯，珊瑚杯直径 5～7 mm，深度达 3 mm，珊瑚杯壁清晰，顶端形成尖而坚固的脊塍；隔片数目多，排列紧密，突出程度相当，隔片-珊瑚肋的形态和牡丹珊瑚相似。

生活时为淡棕色、深棕色、黄色或绿色。多生于浅水礁坪和礁缘区。广泛分布于印度 - 太平洋海区。

薄层珊瑚属 Leptoseris Milne Edwards & Haime, 1849

皮壳状或板状;珊瑚杯仅分布在上表面,浅窝形,杯壁不明显,珊瑚杯之间由脊塍隔开;隔片-珊瑚肋长短粗细不等,边缘或光滑或有小齿;轴柱通常发育。

109 环形薄层珊瑚
Leptoseris explanata Yabe & Sugiyama, 1941

群体皮壳薄板或叶片状状,有时分层搭叠,边缘薄而易碎,有时卷曲或分叶;珊瑚杯仅分布在上表面,椭圆形到圆形,最大径不超过 6 mm,分布不规则,间距较大,通常向边缘倾斜;隔片-珊瑚肋由珊瑚杯辐射状伸出,基本平行排列,形成明显的线纹且与群体边缘垂直,隔片-珊瑚肋两轮,大小不等,长短交替,第一轮厚且突出,边缘有细齿颗粒;轴柱海绵状,由小梁融合而成。

生活时为棕黄色,边缘白色。多生于遮盖物之下或垂直岩壁上。广泛分布于印度-太平洋海区,不常见。

110 叶状薄层珊瑚
Leptoseris foliosa Dinesen, 1980

群体皮壳状或薄板状，边缘常呈游离板状，有时也搭叠成层状，群体表面具有小而不规则的折叠或隆起；珊瑚杯椭圆形、圆形或多角状，多连成不规则的短谷，位于脊塍之间，脊塍较厚，不规则且多发生扭曲；隔片 - 珊瑚肋大小不等，两轮交替排列，紧凑而平滑，第一轮厚而突出，基本到达轴柱，轴柱板状或尖顶状。

生活时为棕色或绿色。多生于不受波浪影响的礁坡或垂直岩壁。广泛分布于印度 - 太平洋海区。

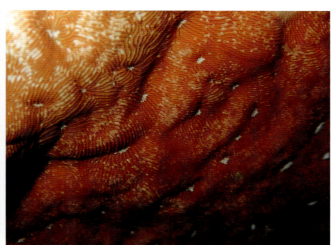

111 壳状薄层珊瑚
Leptoseris incrustans (Quelch, 1886)

群体呈皮壳状，有时也形成宽阔延展的板状，板状群体表面有辐射状的脊塍；珊瑚杯小而浅；共骨位置通常有丘状的突起；隔片 - 珊瑚肋很细，基本等大，紧凑而平滑；轴柱尖刺状，位于珊瑚杯中心底部，不明显。

生活时为浅棕色到淡棕色或棕绿色。多生于浅水珊瑚礁生境，尤其是礁石侧面或下面。广泛分布于印度 - 太平洋海区。

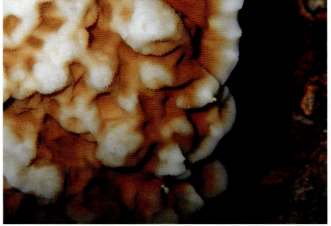

112 类菌薄层珊瑚
Leptoseris mycetoseroides Wells, 1954

群体皮壳状或薄板状，边缘有时游离，群体有时搭叠成层状或螺旋轮生；群体表面有发育良好的扭曲的脊膀；珊瑚杯单个排列或连成不规则的短谷，常和边缘平行，当脊膀排列规则时，珊瑚杯和隔片-珊瑚肋的排列方式类似厚丝珊瑚；隔片-珊瑚肋均匀精美，基本等大，紧凑而平滑；轴柱很明显，尖顶状。

生活时为奶油色、棕色或红棕色。多生于岩石侧面或遮蔽物之下。广泛分布于印度-太平洋海区，不常见。

113 凹凸薄层珊瑚
Leptoseris scabra Vaughan, 1907

群体叶片状或皮壳薄板状，常发生扭曲，有时甚至形成中空的柱状或管状结构；珊瑚杯仅分布在上表面，有时可见一个中心珊瑚杯，群体边缘位置的珊瑚杯逐渐稀疏，珊瑚杯形状通常不规则，略扭曲且向外倾斜；隔片-珊瑚肋两轮交替排列，紧凑而平滑，在群体中央部位第一轮隔片-珊瑚肋厚而突出，顶端具有明显的不规则的刺状或片状突起，因其看起来断断续续，第二轮隔片-珊瑚肋则相对较平滑；轴柱小，尖刺状，位于珊瑚杯中心深处。

生活时为灰色、棕色或绿色，边缘位置颜色较浅。多生于深水生境中遮蔽物之下或垂直岩壁。广泛分布于印度-太平洋海区，不常见。

114 坚实薄层珊瑚
Leptoseris solida (Quelch, 1886)

群体为皮壳板状，通常无中心珊瑚杯，群体表面有时发生折叠甚至卷成管；珊瑚杯分布不均匀，多向群体边缘倾斜，开口很小；隔片-珊瑚肋上有颗粒，大小不等多交替排列，珊瑚杯之间可见明显的丘状突起。

生活时为浅棕色或深棕色，群体边缘多呈白色。多生于礁坡。分布于印度-太平洋海区，不常见。

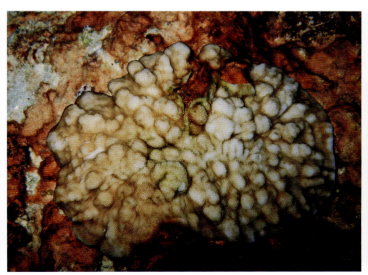 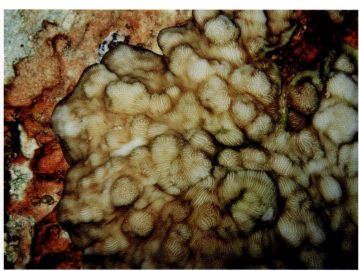

115 管形薄层珊瑚
Leptoseris tubulifera Vaughan, 1907

群体为水平或垂直的不规则板叶状，珊瑚杯仅分布在上表面，群体表面有许多垂直高耸的柱形管状隆起，或中空或实心，末端常形成分枝；珊瑚杯小而少，不明显，稍向外倾斜。

生活时为浅黄色或深棕色。多生于深水遮蔽物之下。分布于印度-太平洋海区，但不常见。

116 辐叶薄层珊瑚
Leptoseris yabei (Pillai & Scheer, 1976)

群体为板状，珊瑚杯仅分布在上表面，有时层层搭叠，有时卷成螺旋状甚至花瓶状，可形成直径超过 1 m 的大型群体；板状表面通常有和边缘平行且同心圆状排列的龙骨状突起，此外还有辐射状排列的脊膨，二者常交汇形成矩形的浅窝，珊瑚虫多位于其中；隔片-珊瑚肋两轮，大小交替排列，第一轮更厚且突出，隔片两侧布满细齿突；轴柱呈板状或尖锥状。

生活时为浅棕色或浅黄绿色，边缘多呈白色。多生于底质平坦的珊瑚礁生境。分布于印度-太平洋海区，不常见但较显眼。

厚丝珊瑚属 Pachyseris Milne Edwards & Haime, 1849

群体为叶状或皮壳状、亚团块状，表面布满脊膛，长短不一，或呈同心圆平行排列或不规则排列；隔片 - 珊瑚肋细，排列紧密整齐，轴柱裂瓣小梁状或无。

117 叶状厚丝珊瑚
Pachyseris foliosa Veron, 1990

群体为延展或轮生的叶状体，薄而脆，珊瑚杯仅分布在上表面，叶片分叉或不分叉；谷浅而宽，和叶片边缘平行排列；轴柱不明显，几乎不发育。

生活时多为浅棕色到深棕色。多生于潟湖等受庇护的生境。分布于印度 - 太平洋海区，不常见。

118 芽突厚丝珊瑚
Pachyseris gemmae Nemenzo, 1955

群体近团块状或皮壳状，有时由水平和垂直的扭曲厚叶状突起构成；板叶基部的谷不规则，而边缘的谷与叶片边缘近平行；脊膛不规则弯曲起伏，轴柱和隔片 - 珊瑚肋相连融合，因此不明显。

生活时为棕色。多生于较为隐蔽的珊瑚礁环境。分布于印度洋东部和太平洋西部，偶见种。

119 皱纹厚丝珊瑚
Pachyseris rugosa (Lamarck, 1801)

小型群体通常为皮壳状，边缘游离板状，仅在上表面有珊瑚杯分布，大型群体则加厚成团块状，表面有垂直的板状、叶状或柱状突起，突起常分枝且交汇相连；珊瑚杯通常难以分辨，多连成短谷，位于弯曲且不规则的脊塍之间，谷最长可达 10 cm；隔片 - 珊瑚肋较规整，突出程度和分布间距几乎相等；轴柱明显，薄而稍扭曲，由连续或间断的叶片状小梁组成。

生活时多为浅黄色。生于多种珊瑚礁生境。广泛分布于印度 - 太平洋海区。

120 标准厚丝珊瑚
Pachyseris speciosa (Dana, 1846)

群体叶状，叶片表面通常不规则有起伏，有叠生的次生叶；珊瑚杯以谷的形式分布于脊塍之间，脊塍复瓦状平行排列，生于隐蔽且弱光环境中脊塍低且平滑，而生于海浪强劲环境中脊塍高、不规则且长短不一，但脊塍均以群体中部为中心大致呈同心圆致密排列；隔片 - 珊瑚肋两轮且交替排列；无轴柱发育。

生活时为灰色、单棕色或深棕色黄色，群体边缘为白色。生于多种珊瑚礁生境。广泛分布于印度 - 太平洋海区。

牡丹珊瑚属 *Pavona* Lamarck, 1801

群体为团块状、柱状、叶状或板状；珊瑚杯小而浅，杯壁不明确，脊膛有时明显；珊瑚杯之间由隔片-珊瑚肋相连，隔片-珊瑚肋很细，大小交替排列。

121 球形牡丹珊瑚
Pavona cactus (Forskål, 1775)

群体为薄而扭曲的叶片交汇形成的球形，叶片表面无皱褶或龙骨突或脊膛，叶片基部常加厚；珊瑚杯在叶片两面均有分布，杯小而浅，稍向外倾斜，无明显杯壁，珊瑚杯多连成不规则的短行，且与叶片边缘平行；隔片-珊瑚肋精美，长而直，基本等大，排列紧凑。

生活时为奶油色、棕黄色或红棕色，叶片边缘为白色。多生于潟湖和上礁坡。广泛分布于印度-太平洋海区。

122 柱形牡丹珊瑚
Pavona clavus (Dana, 1846)

群体为柱状或棒状，截面呈圆形、卵圆形或扁平，柱子末端有时分叉，可形成直径达数米的大型群体；成熟珊瑚杯直径 2.5～3.5 mm，明显的窝状，分布不均匀，多数单独分布有时连成短谷，杯壁发育良好，厚而明显，有时形成低矮的隆起；隔片-珊瑚肋两轮交替排列，最多有 20 个，第一轮隔片基本到达轴柱，内缘较陡，两侧有颗粒，边缘光滑；轴柱短或不发育。

生活时为浅灰色、奶油色或棕色。多生于浅水珊瑚礁，尤其是受风浪影响大的生境。广泛分布于印度-太平洋海区。

123 丹氏牡丹珊瑚
Pavona danai Milne Edwards, 1860

群体为矮小而扭曲的板片、叶片或分枝状，顶端较钝，截面呈多角状；珊瑚杯排列不规则，或沿垂直方向排列成短而浅的谷；隔片-珊瑚肋长短交替排列，第一轮明显加厚。

生活时为淡棕色、深棕色或棕绿色。多生于受海浪影响较大的浅水珊瑚礁生境。分布于红海、印度洋及太平洋西部，但不常见。

124 厚板牡丹珊瑚
Pavona duerdeni Vaughan, 1907

群体生长型较独特，团块状，多分成平行排列或不规则排列的脉状或丘叶状，可形成直径达数米的大型群体，但生长速度慢，骨骼致密；珊瑚杯小而浅，因此群体表面光滑，珊瑚杯直径3～4 mm，分布均匀；隔片-珊瑚肋两轮，明显交替排列，第一轮较厚，隔片两侧布满细小颗粒，边缘光滑。

生活时为均一的灰色、黄色或棕色。生于多种珊瑚礁生境。广泛分布于印度-太平洋海区，但不常见。

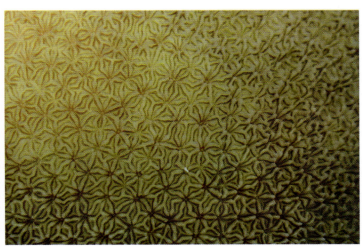

125 变形牡丹珊瑚
Pavona explanulata (Lamarck, 1816)

群体为皮壳状或仅上表面有珊瑚杯分布的薄板状，有时也呈亚团块状；珊瑚杯深凹状，直径在 2.5～6 mm，间距大，分布不规则，而边缘部位的珊瑚杯多向外倾斜；隔片-珊瑚肋两轮，交替排列，第一轮加厚且明显突出，隔片-珊瑚肋排列紧密，常和周边珊瑚杯的隔片-珊瑚肋汇合交联；轴柱由小梁融合成的细柱状，无明显的杯壁。

生活时多为深棕色、浅棕色或灰色，水螅体白天可见。生于多种珊瑚礁生境。广泛分布于印度-太平洋海区。

126 叶形牡丹珊瑚
Pavona frondifera (Lamarck, 1816)

群体由扭曲的叶片或薄板状交汇而成，叶片两面均有珊瑚杯分布，叶片或薄板侧面有辐射的脊膵，实际为隔片-珊瑚肋升高形成的相互平行的纵向龙骨突；珊瑚杯清楚，近圆形，浅，常连成横排并与群体边缘大致平行；隔片-珊瑚肋分布紧凑，高而长的与短而矮的类型交替相间排列；群体上部珊瑚杯无轴柱，下部珊瑚杯轴柱为扁平小梁或刺状突起。

生活时多为浅棕色或深棕色，顶部白色。多生于浅水珊瑚礁生境。广泛分布于印度-太平洋海区。

127 马岛牡丹珊瑚
Pavona maldivensis (Gardiner, 1905)

群体为柱状或薄皮壳状，或柱状和皮壳状混合生长型，于风浪影响较大的海域群体多呈柱状，而皮壳板状多生于受庇护的生境，且边缘游离；珊瑚杯融合状排列，圆形，较突出，直径 2～4 mm，杯间距不一，或稀疏或紧凑，珊瑚杯壁发育良好，群体边缘的珊瑚杯多平行排列且向外倾斜；隔片-珊瑚肋交替排列，第一轮明显突出且加厚，排列连续而紧凑，每个珊瑚杯中有 15～25 个隔片；轴柱小而突出，由小梁融合而成。

生活时多为浅棕色、深棕色或绿色。多生于浅水珊瑚礁生境，尤其是海浪较强的生境或垂直的石壁或洞穴。广泛分布于印度-太平洋海区，有时常见。

128 小牡丹珊瑚
Pavona minuta Wells, 1954

群体为亚团块状或皮壳状，边缘有时呈游离薄板状，表面起伏不平但较光滑，群体长径最大达 1 m；珊瑚杯小而浅，直径 2～3 mm，珊瑚杯之间的间距大，分布较均匀；隔片-珊瑚肋厚且直，排列紧凑，两轮交替排列，每轮 8～10 个，相邻珊瑚杯之间隔片-珊瑚肋连续；轴柱发育不良，针尖状。

生活时多为深绿色、棕色或棕绿色。多生于浅水珊瑚礁生境。广泛分布于印度-太平洋海区，不常见。

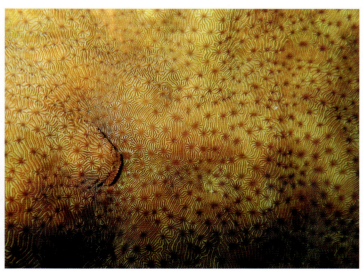

129 易变牡丹珊瑚
Pavona varians (Verrill, 1864)

群体皮壳状、亚团块状、薄而扁平的板叶状或混合型；表面有形状规整但长短不等，连续或不连续的脊塍，脊塍低矮而弯曲，方向和长度均不规则，顶部较钝；珊瑚杯分布不规则，单个分布或连成短谷；隔片上有细颗粒，隔片-珊瑚肋高低两种类型交替排列；轴柱为扁平突起的小梁或未发育完全。

生活时为黄色、淡黄色或绿色，脊塍顶部通常颜色较浅。生于多种珊瑚礁生境。广泛分布于印度-太平洋海区，常与板叶牡丹珊瑚伴生。

130 板叶牡丹珊瑚
Pavona venosa (Ehrenberg, 1834)

群体团块状或皮壳状，表面起伏波纹状；珊瑚杯多角状单独分布或连成短谷，珊瑚杯或谷宽变化较大，珊瑚杯直径 0.5～2.5mm，杯壁通常发育良好，脊塍顶部尖；隔片-珊瑚肋共3轮，第三轮较短，位于杯壁顶端的脊突部位，隔片薄且间距几乎等大；轴柱发育不全或无。

生活时为淡棕色或棕黄色，有时为复合色，口盘和水螅体的颜色鲜明。多生于浅水珊瑚礁，尤其是浅水礁坪或礁缘区。广泛分布于印度-太平洋海区。

木珊瑚科
Dendrophylliidae Gray, 1847

木珊瑚科共有5个属，分别是陀螺珊瑚属 *Turbinaria*、杜沙珊瑚属 *Duncanopsammia*、锥形珊瑚属 *Balanophyllia*、筒星珊瑚属 *Tubastraea* 和异沙珊瑚属 *Heteropsammia*。本科珊瑚多数为非造礁种类，仅有陀螺珊瑚和杜沙珊瑚与虫黄藻共生，属于造礁珊瑚；与此同时锥形珊瑚和异沙珊瑚为单体珊瑚，其他3个属的珊瑚为群体珊瑚。尽管本科珊瑚生长型相差很大，它们的共同特征为具有厚的合隔桁鞘壁、共骨多孔及隔片发育遵循 Pourtales 方式排列。

陀螺珊瑚为叶状到厚板状，通常形成大型群体，至少在早期发育阶段隔片按 Pourtales 方式排列；轴柱发育良好。

生于各种珊瑚礁生境，在高纬度水体浑浊的珊瑚礁区尤为常见。广泛分布于印度-太平洋海区。

陀螺珊瑚属 *Turbinaria* Oken, 1815

群体多为板状或叶状；珊瑚杯圆形、浸埋或管状；共骨多孔，隔片较短；轴柱大而致密。主要生于浑浊的水体。

131 复叶陀螺珊瑚
Turbinaria frondens (Dana, 1846)

群体为皮壳状、团块状或叶板状，通常为水平或垂直的宽阔叶片状，或扭曲成为不规则形状，珊瑚杯仅分布在上表面；珊瑚杯直径变化较大，在 1.5～3.5 mm，浸埋到长管状，长管状珊瑚杯通常明显向边缘位置倾斜；轴柱椭圆形，海绵状。

生活时多为深棕色、红棕色或棕绿色。生于各种珊瑚礁生境。广泛分布于印度-太平洋海区。

132 皱纹陀螺珊瑚
Turbinaria mesenterina (Lamarck, 1816)

群体叶状，边缘向上方皱折，甚至卷成不规则管状或筒状；珊瑚杯圆形，仅分布在叶片上表面，直径约 2 mm，生于潮间带的珊瑚杯大而突出，杯壁厚，但生于浑浊或受庇护水体的珊瑚杯小，管状稍突出；隔片 3 轮，前两轮等大或不等，第三轮更短或无，边缘有细齿，两侧有颗粒；轴柱椭圆形，疏松海绵状；共骨多孔，上有尖齿或小刺。

生活时为灰绿色或棕灰色，珊瑚虫常为白色。生于多种珊瑚礁生境，尤其是浑浊的浅水礁区。广泛分布于印度-太平洋海区。

133 盾形陀螺珊瑚
Turbinaria peltata (Esper, 1794)

群体皮壳状到叶状，常呈盾牌形，大型群体也可呈层层搭叠的叶状或卷曲的柱状，基部通常有一附着柄，群体表面凹凸不平，边缘有皱褶；珊瑚杯圆形，直径 3～5 mm，仅分布在上表面，群体中部的珊瑚杯多浸埋，在凸面和群体边缘的珊瑚杯则突出且倾斜；隔片 3 轮，第三轮刺状或无，隔片边缘有细齿，两侧光滑无颗粒；轴柱圆顶形，海绵状，由扭曲的棒状小梁和颗粒交织形成。

生活时为灰褐或棕色，白天可见水螅体触手伸出。生于多种珊瑚礁生境，尤其是受庇护的浑浊水域，也见于礁坡。广泛分布于印度 - 太平洋海区，较常见。

134 肾形陀螺珊瑚
Turbinaria reniformis Bernard, 1896

群体皮壳状或叶状，或平坦或卷曲或板状层层搭叠，仅上表面有珊瑚杯分布；珊瑚杯通常较为分散，但在某些部位也很拥挤而稍接触，珊瑚杯浸埋或突出呈锥状，珊瑚杯直径 1.5～2 mm，杯壁厚；隔片两轮等大或不等，通常为 12 个，有时可多达 20 个，隔片边缘或光滑或有细齿；轴柱圆顶状，似海绵多孔。

生活时为黄绿色，水螅体亮黄色，群体边缘颜色也比较鲜艳。多生于水体浑浊的生境。广泛分布于印度-太平洋海区。

135 小星陀螺珊瑚
Turbinaria stellulata (Lamarck, 1816)

群体最初为皮壳板状，随着生长逐渐变为团块状或圆顶状；珊瑚杯为平顶圆锥形，突出、稍倾斜，珊瑚杯直径 3～4 mm，而杯口宽达 2 mm；隔片 24～36 个，从杯缘延伸至轴柱，隔片边缘有缺刻齿，内缘末端有垂直突起；轴柱圆形到椭圆形，海绵状；共骨网状且有粗糙刺花。

生活时为灰褐色、棕色或浅黄绿色。多生于上礁坡和水体浑浊的生境。广泛分布于印度-太平洋海区。

真叶珊瑚科
Euphylliidae Veron, 2000

　　依据最新的分子系统发育分析，本科现包括 3 个属，即真叶珊瑚属 *Euphyllia*、纹叶珊瑚属 *Fimbriaphyllia* 和盔形珊瑚属 *Galaxea*，其中纹叶珊瑚属原为真叶珊瑚属的亚属，但与真叶珊瑚属其他物种相比纹叶珊瑚属在水螅体特征和繁殖方式上明显不同，因此最新研究已将 *Fimbriaphyllia* 提升为属级阶元（Luzon et al., 2017）；盔形珊瑚属原归于琵琶珊瑚科，现归入真叶珊瑚科；顶枝珊瑚属 *Acrhelia* 原也属于琵琶珊瑚科，现已并入盔形珊瑚属。

　　真叶珊瑚科均为群体性珊瑚，生长型多变，盔形珊瑚珊瑚杯排列方式主要为笙形，群体呈皮壳形、亚团块状或分枝状，而真叶珊瑚珊瑚杯排列方式为笙形或沟回形；隔片大而突出，隔片边缘光滑或装饰有细颗粒；轴柱不发育或发育不良；盔形珊瑚水螅体较大，半透明，触手和隔片围成冠状，真叶珊瑚属的触手较为独特，末端为球形或锚形，隔片大而突出。

　　生于各种珊瑚礁生境，但常生于受庇护的生境。

真叶珊瑚属 *Euphyllia* Dana, 1846

珊瑚杯多呈笙形；水螅体长管状，触手末端球形，多是雌雄同体和孵幼型生殖。

136 联合真叶珊瑚
Euphyllia cristata Chevalier, 1971

群体通常半球形，直径在 12 cm 以下，珊瑚杯排列方式为笙形；分枝通常有 1～3 个中心；珊瑚杯直径 2～3 cm，与分枝间距均匀，4～8 mm；隔片有 5 轮，有时轮次不规则或不明显，初级隔片较突出，内缘几乎达杯中心，向外延伸超过杯壁，更高轮次隔片则逐渐变小变短，隔片边缘细齿状，两侧较光滑，前三轮珊瑚肋发育良好，第一轮有明显的齿突或叶突；轴柱不发育。

生活时多为灰色或绿色，触手圆柱状，末端圆球形且呈灰白色。多生于浅水珊瑚礁区。分布于印度-太平洋海区，不常见但是较为明显。

137 滑真叶珊瑚
Euphyllia glabrescens (Chamisso & Eysenhardt, 1821)

群体由笙形的大型珊瑚杯排列而成；珊瑚杯直径可达 20～30 mm，间距达 15～30 mm，杯壁很薄，顶部边缘较尖锐；隔片不突出，前两轮可到达珊瑚杯中心位置，然后垂直伸至杯底，杯中央无轴柱发育。

生活时水螅体白天伸展，管状的触手末端呈圆球形，颜色为灰绿色或灰蓝色，触手末端颜色为绿色、奶油色、粉红色或白色。生于各种珊瑚礁生境。广泛分布于印度-太平洋海区，不常见但是较显眼。

纹叶珊瑚属 *Fimbriaphyllia* Veron & Pichon, 1980

珊瑚杯为笙形或扇形-沟回形排列；水螅体短，触手形态变化较大，肾形、锚形或分叉状，雌雄异体，繁殖方式为排卵型。

138 肾形纹叶珊瑚
Fimbriaphyllia ancora Veron & Pichon, 1980

群体最初呈月牙状的扇形，随后不断形成不规则分枝最终呈扇形-沟回形群体，可形成直径不超过1 m的圆顶状大型群体；谷长而连续，或直或弯曲；隔片的排列和轮数随着大小和环境变化，通常3轮，第一轮尤其突出且到达杯中心，隔片一般较为光滑或有细颗粒；水螅体大，肉质，触手白天也伸出，圆柱状，末端通常不分枝呈肾形、"T"形或锚形。

生活时触手为灰蓝色、橘黄色或棕色，触手末端呈灰白色或灰绿色。生于各种珊瑚礁生境。分布于印度-太平洋海区，不常见。

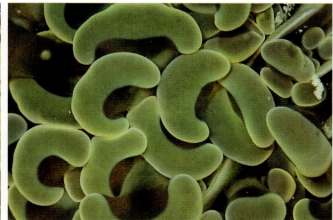

139 花散纹叶珊瑚
Fimbriaphyllia divisa Veron & Pichon, 1980

群体由扇形-沟回形的珊瑚杯形成，可形成直径达1 m的大型群体；谷宽可达3 cm；隔片较突出，长短不一，最长几乎到达谷中央位置后垂直下降至杯底；杯壁上边缘尖锐，轴柱通常不发育。

生活时白天可见触手伸出，触手管状且有小分枝，末端均为球形，颜色为奶油色、棕色或绿色。多生于水体浑浊的珊瑚礁生境。分布于印度-太平洋海区，不常见但很显眼。

盔形珊瑚属 *Galaxea* Oken, 1815

群体块状、皮壳状或分枝状；珊瑚杯圆柱状，直径变化较大，有珊瑚肋；基部为泡状或刺状的非珊瑚肋共骨；隔片突出。

140 丛生盔形珊瑚
Galaxea fascicularis (Linnaeus, 1767)

群体生长型多变，常根据生境的不同呈现为团块状、圆顶状、柱状、皮壳状或板状，可形成直径 5 m、高 2 m 的大型群体；珊瑚杯管状，外形不规则，依据珊瑚杯排列的紧凑程度而变化，常见为圆形、椭圆形、长方形等，群体内珊瑚杯大小变化较大，但直径在 10 mm 以下；隔片 4 轮，前两轮非常突出，常发生不规则扭曲，第三轮隔片长约 1/2 杯半径，第四轮隔片发育不全，刺状。

生活时单色为棕色、绿色或红色，复色为咖啡色加白色。生于各种珊瑚礁生境。广泛分布于印度 - 太平洋海区，很常见。

真叶珊瑚科

141 刺枝盔形珊瑚
Galaxea horrescens (Dana, 1846)

群体分枝状，每个分枝顶端都有一个或一丛珊瑚杯，分枝通常长而直，直径 6～12 mm，长度相差不大，排列或致密或稀疏；珊瑚杯管状，杯壁由分枝伸出可达 3～5 mm，边缘向外扩张；隔片 3 轮，突出，前两轮隔片宽大而明显，长略小于杯半径，隔片边缘光滑，两侧有细颗粒；轴柱不发育，共骨光滑无突起。

生活时奶油色、浅黄色或棕色，珊瑚虫触手末端常为白色。多生于水流和光照条件良好的珊瑚礁区，也常见于潟湖。分布于印度-太平洋海区，不常见。

142 长片盔形珊瑚
Galaxea longisepta Fenner & Veron, 2000

群体通常为小型皮壳状，有时形成分枝但不明显；珊瑚杯圆管状，突出可达 4 mm，排列稀疏，群体中心的珊瑚杯大而边缘的珊瑚杯较小；隔片末端明显延长且不规则，大的珊瑚杯中共3轮隔片；共骨不光滑，布满疱疹状的突起。

生活时为深绿色或棕色，珊瑚杯上边沿部分常为白色。多生于风浪影响较小的生境，如潟湖和垂直石壁下。主要分布于太平洋西部，偶见种。

143 小片盔形珊瑚
Galaxea paucisepta Claereboudt, 1990

群体通常为小型皮壳状或板状；珊瑚杯多为小圆柱状，直径 2.5～3 mm，间距大；隔片两轮发育良好，但不等大，第一轮大而明显，末端不延长；共骨不光滑，布满疱疹状的突起。

生活时多为棕绿色，珊瑚杯上边沿部分常为白色。多生于风浪影响较小的生境，如潟湖。分布于印度-太平洋海区，通常偶见。

滨珊瑚科
Poritidae Gary, 1842

　　滨珊瑚科现包括 4 个属，即滨珊瑚属 *Porites*、角孔珊瑚属 *Goniopora*、伯孔珊瑚属 *Bernardpora* 和柱孔珊瑚属 *Stylaraea*，均分布于印度-太平洋海区，其中柱孔珊瑚为单种属且罕见，目前在我国尚未有纪录；再者，Kitano 等（2014）根据形态学和分子生物学的研究显示原属于角孔珊瑚属的斯氏角孔珊瑚可以与该属其他物种区分开来，因此将其分离出来建立新的伯孔珊瑚属。此外，原属于滨珊瑚科的穴孔珊瑚属已被证实和鹿角珊瑚科蔷薇珊瑚属的亲缘关系更近，现已归为鹿角珊瑚科。

　　本科珊瑚均为群体，生长型为团块状、皮壳状、板状或分枝状，外形较为结实，一些滨珊瑚可以形成直径数米到十米的大型群体，年龄可达百年到千年。群体生殖方式为外触手芽无性生殖。本科珊瑚的珊瑚杯大小多变，滨珊瑚珊瑚杯很小，直径 1～2 mm，骨骼结构特征不明显，微结构在显微镜下才可清楚辨认；角孔珊瑚的珊瑚杯则相对较大，肉质的水螅体白天通常伸出，24 个触手，因而较易辨认。尽管滨珊瑚和角孔珊瑚外表相差很多，但二者的隔片融合方式类似，珊瑚杯壁多孔，由合隔桁和小梁形成，珊瑚杯之间由少量共骨紧密相连。

　　滨珊瑚科珊瑚生于各种珊瑚礁生境，由于它们对环境胁迫的耐受性和抗性强，因此更多生于浑浊的水体或受干扰较大的环境。当滨珊瑚在珊瑚群落中占据主导地位时，通常意味着珊瑚礁已经遭受到环境压力，其生态功能也多受到影响。

伯孔珊瑚属 *Bernardpora* Kitano & Fukami, 2014

单种属，皮壳状或亚团块状，表面光滑；珊瑚杯圆形到多边形，直径约 2 mm；隔片按 Bernard 方式排列，排列致密，上有细齿；白天可见短的水螅体伸出。

144 斯氏伯孔珊瑚
Bernardpora stutchburyi (Wells, 1955)

群体为亚团块状或皮壳状，表面或扁平或有起伏或有瘤突结节；珊瑚杯小而浅，因此群体表面显得较为光滑，直径约 3 mm，多角状或近圆形；隔片多而致密，长度基本一致，轮次不明显，隔片边缘和侧面布满细颗粒；轴柱有发育，但是形态结构不一；水螅体短而宽，通常白天伸展，触手末端球形或变尖，其中有 6 个触手明显较大。

生活时多为浅棕色、棕绿色或奶油色。多生于浅水珊瑚礁生境。广泛分布于印度-太平洋海区，不常见。

角孔珊瑚属 *Goniopora* de Blainville, 1830

群体多为棒状、块状或皮壳状；珊瑚杯壁多孔；隔片多为3轮；轴柱一般发育良好；水下可见24个触手。

145 白锥角孔珊瑚
Goniopora albiconus Veron, 2000

群体为皮壳状，形成不规则的薄板；珊瑚杯很浅，多边形，珊瑚杯的大小不等，直径1.5～4 mm，杯壁尤其薄；隔片多发生不规则的融合，但不形成三角形；轴柱小而不明显。

生活时多为棕绿色或深绿色，水螅体小但大小均匀，口盘为显眼的白色，触手受刺激后立刻收缩。多生于浅水珊瑚礁生境。分布于印度-太平洋海区，有时常见。

146 柱形角孔珊瑚
Goniopora columna Dana, 1846

群体为短柱状，末端圆形，截面呈椭圆形；珊瑚杯多角状或近圆形，直径3～5 mm，杯壁厚约2 mm，结构多孔疏松；柱状顶部的珊瑚杯隔片长但不规则，轴柱弥散状；而侧面珊瑚杯的隔片短，轴柱大且致密。

生活时多为棕色、绿色或黄色，水螅体大而长，口盘大而明显，多呈白色。多生于水体浑浊的生境，可形成单种大型群体。广泛分布于印度-太平洋海区，较常见。

147 大角孔珊瑚
Goniopora djiboutiensis Vaughan, 1907

群体为亚团块状或柱状，边缘通常皮壳状；珊瑚杯圆形或多边形，直径约 4.5 mm，深 1.5 mm，杯壁厚度 1.5～3 mm；隔片长及排列较为均匀，上有细齿；轴柱明显，圆顶状或分成 6 瓣，每瓣和其对应的 4 个隔片排列成三角形。

生活时多为深棕色、浅棕色或绿色，口盘大而明显，多呈白色或蓝色。多生于水体浑浊的生境，可形成单种大型群体。广泛分布于印度-太平洋海区，常见。

148 团块角孔珊瑚
Goniopora lobata Milne Edwards & Haime, 1860

群体在浅水海浪强劲的环境中通常为团块-柱状，柱状末端呈半球状，因此整体呈圆顶状；珊瑚杯近圆形或多边形，直径多数 3 mm，最大可达 5 mm，杯壁 1～3 mm；隔片 3 轮，第一轮可到达杯中心，相邻隔片通常不相连，其间有一细缝，无围栅瓣发育；轴柱很小，仅有少数几个扭曲的小梁形成。

生活时多为棕色、黄色或绿色，通常口盘和触手末端颜色明显不同。多生于礁坡和潟湖。广泛分布于印度-太平洋海区，较常见。

149 小角孔珊瑚
Goniopora minor Crossland, 1952

群体为皮壳状到团块状，多呈球形或半球形；珊瑚杯圆形，直径约 3 mm，杯壁厚；隔片 3 轮，前两轮基本等大，内缘加厚形成 6 个围栅瓣，通常互相接触围成皇冠状，第三轮发育不全，仅呈刺状，隔片边缘和侧面布满细颗粒；轴柱不明显。

生活时多为棕色或绿色，通常口盘颜色明显不同，为白色或淡紫色，触手末端颜色较浅。多生于潮下带珊瑚礁区或潟湖。广泛分布于印度-太平洋海区，不常见。

150 诺福克角孔珊瑚
Goniopora norfolkensis Veron & Pichon, 1982

群体为亚团块状、团块状，通常半球形；珊瑚杯近圆形，直径 2～3 mm，杯壁薄；隔片内缘陡降至杯底，长短较为规整，轮次排列不明显，不形成围栅瓣；轴柱很小或无；水螅体白天伸展，分布极为致密，触手细长。

生活时多为深棕色或棕灰色，口盘和触手末端多呈白色。多生于浑浊的浅水珊瑚礁生境。分布于印度-太平洋海区，不常见。

151 潘多拉角孔珊瑚
Goniopora pandoraensis Veron & Pichon, 1982

群体通常由短的柱状分枝形成，分枝末端多呈半球形，分枝截面呈卵圆形；珊瑚杯大小均一，直径约 3 mm；隔片厚而短，两轮交替排列，第二轮较短，隔片边缘有齿；围栅瓣大而明显，围成冠状，轴柱很小。

生活时多为深灰色、深棕色或棕绿色或蓝色。多生于浅水珊瑚礁生境。分布于印度-太平洋海区，不常见。

152 柔软角孔珊瑚
Goniopora tenuidens (Quelch, 1886)

群体为团块状，通常半球形、球形或不规则，表面较为光滑；珊瑚杯近圆形，直径约 3 mm，杯壁较薄；隔片 3 轮，第一轮大而明显，内缘加厚成片状的围栅瓣，第二轮和第三轮隔片短而不明显；轴柱很小；水螅体白天伸展，分布拥挤致密，长短均一，触手也等长。

生活时多为棕色、绿色或蓝色。多生于潮下带珊瑚礁区或潟湖。广泛分布于印度 - 太平洋海区，常见。

滨珊瑚属 *Porites* Link, 1807

群体块状、分枝状、皮壳状或板状；珊瑚杯小，直径平均 1 mm；隔片按 Bernard 方式排列，一个背直接隔片（dorsal directive septa）及腹直接隔片（ventral directive septa），为三联式（triplet）或边缘游离（free margin），4 对侧隔片（lateral pair septa）。

153 疣滨珊瑚
Porites annae Crossland, 1952

群体为皮壳状或板状基底加柱状分枝或瘤突状分枝，分枝常不规则地发生交联融合，长小于 20 cm；珊瑚杯直径 1.1～1.5 mm，珊瑚杯浅因而分枝表面显得光滑；隔片内缘共有 8 个围栅瓣，其中背直接隔片和 4 对侧隔片的 5 个围栅瓣较大，而腹直接隔片边缘游离，每个腹直接隔片均有一个小的围栅瓣；轴柱小或不发育。

生活时多为浅绿色或棕色。通常生于礁坡。广泛分布于印度 - 太平洋海区，较常见。

154 渐尖滨珊瑚
Porites attenuata Nemenzo, 1955

群体为分枝状，分枝粗壮且有时发生融合，直径 3～4 cm，逐渐变细但末端浑圆；珊瑚杯深度中等，多边形或近圆形，直径 1.1～1.5 mm，杯壁发育良好，明显突出，分枝表面较粗糙；隔片内缘共有 6 个或 8 个围栅瓣，背直接隔片有一个围栅瓣，4 对侧隔片上各有一个围栅瓣，腹直接隔片边缘游离或三联式；轴柱明显，低于围栅瓣。

生活时常为深黄色、亮黄色或淡棕色。多生于受庇护的珊瑚礁生境，如潟湖。广泛分布于印度 - 太平洋海区。

155 澳洲滨珊瑚
Porites australiensis Vaughan, 1918

群体为团块状、半球形或头盔状，可形成大型群体，表面通常光滑，但有时也形成隆起或小瘤，大型群体的高度和直径可达数米，基部边缘形成分叶；珊瑚杯多角状，直径 1.1～1.5 mm，珊瑚杯壁厚，上有排小齿；隔片长短不一，隔片内缘共有 8 个发育不良的小围栅瓣，背直接隔片和侧隔片的围栅瓣高而大，3 个腹直接隔片边缘游离，各有一个低而小的围栅瓣；轴柱大而明显，不和围栅瓣相连。

生活时常为棕色或奶油色，珊瑚虫亮色。多生于潟湖、礁后区和岸礁。广泛分布于印度-太平洋海区，较常见。

156 细柱滨珊瑚
Porites cylindrica Dana, 1846

群体为分枝状，有时具有皮壳状或团块状的基部，可形成直径约 10 m 的大群体；分枝或松散开阔或紧凑灌丛状，长通常小于 30 cm，基部直径小于 4 cm；分枝柱状，末端或钝圆或扁平或锥状；珊瑚杯多边形或亚圆形，直径约 1.5 mm，杯浅，因此分枝表面很光滑；隔片内缘共有 7 个围栅瓣，背直接隔片有一个围栅瓣，4 对侧隔片上各有一个围栅瓣，腹直接隔片三联式，两侧腹隔片各有一个围栅瓣；轴柱明显且和围栅瓣等高。

生活时颜色多变，常见有黄色、棕色和绿色等。生于各种珊瑚礁生境，尤其是潟湖或礁后区边缘。广泛分布于印度-太平洋海区。

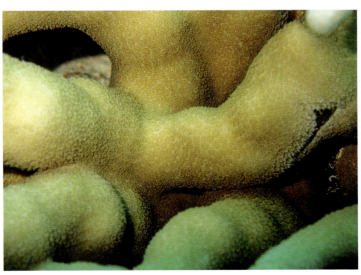

157 水平滨珊瑚
Porites horizontalata Hoffmeister, 1925

群体为皮壳板状或扭曲融合的匍匐状分枝状或二者混合型，分枝通常不规则，板状群体表面或扁平或上有瘤突；珊瑚杯多边形或近圆形，直径 1～1.5 mm，杯壁厚，突出成断续的脊，珊瑚杯单个或成组分布于脊突之间；隔片内缘共有 6 个围栅瓣，背直接隔片有一个围栅瓣，4 对侧隔片上各有一个围栅瓣，腹直接隔片三联式。

生活时常为淡棕色、奶油色或红棕色。多生于浅水珊瑚礁生境。广泛分布于印度 - 太平洋海区，有时常见。

158 盘枝滨珊瑚
Porites latistellata Quelch, 1886

群体为密集的分枝状，皮壳状基部较少，分枝或直立或扭曲，直径小于 2 cm，长可达 8 cm，末端或钝圆或锥状；珊瑚杯多边形，直径 1～1.5 mm，珊瑚杯浅，杯壁薄但明显，厚度不规则；隔片内缘共有 4～6 个围栅瓣，背直接隔片有时无围栅瓣，4 对侧隔片上各有一个围栅瓣，腹直接隔片边缘通常游离；轴柱小。

生活时多为浅棕色。多生于受庇护的浅水珊瑚礁生境。分布于印度 - 太平洋海区，不常见。

159 地衣滨珊瑚
Porites lichen (Dana, 1846)

群体生长型多变，可以是皮壳状、扁平的薄片状或板状，或为表面有结节瘤突或分枝的亚团块形；珊瑚杯直径 0.9～1.4 mm，常按行排列但不规则，珊瑚杯之间仅由薄而矮的杯壁相隔；在临近杯壁位置每个隔片有一个齿突，内缘通常共有 6 个围栅瓣，腹直接隔片边缘游离，内缘仅有一个小的围栅瓣，轴柱小或不发育，但中心位置常伸出数个不规则的桡骨突。

生活时多为明亮的黄绿色或棕色。多生于礁坡和潟湖。广泛分布于印度-太平洋海区。

160 团块滨珊瑚
Porites lobata Dana, 1846

群体为团块形、半球形或头盔状，表面通常光滑，但有时也形成丘状或柱状的突起，大型群体的高度和直径可达数米，基部边缘形成分叶，在潮间带可形成微环礁结构；珊瑚杯多边形，直径 1.5 mm，每个隔片上边缘有两个小齿；隔片内缘共有 8 个发育不良的小围栅瓣，3 个腹直接隔片边缘游离，各有一个围栅瓣；轴柱发育良好，有 5 个桡骨突和围栅瓣相连。

生活时常为棕黄色、奶油色、蓝色、亮紫色或绿色，浅水生境时颜色较为鲜亮。多生于潟湖、礁后区和岸礁。广泛分布于印度-太平洋海区。

161 澄黄滨珊瑚
Porites lutea Milne Edwards & Haime, 1851

群体为坚实的团块形、半球形或钟形，表面常有不规则的块状突起，常会形成直径达数米的大群体，其边缘基部位置可形成多个突出的厚分叶，表面常有大旋鳃虫和蚬螺等凿孔生物栖息，在潮间带可形成微环礁结构；珊瑚杯浅，多边形，壁薄，直径 1.0～1.5 mm；共有 5 个高的围栅瓣，背直接隔片短且不形成围栅瓣，侧隔片边缘的围栅瓣最大，腹直接隔片三联式，仅有一个围栅瓣；轴柱发育良好，有 5 个桡骨突和围栅瓣相连。

生活常为棕黄色或奶油色，浅水生境时颜色较为鲜亮。生于各种珊瑚礁生境，如潟湖、礁后区和岸礁。广泛分布于印度 - 太平洋海区。

162 梅氏滨珊瑚
Porites mayeri Vaughan, 1918

群体为半球状，直径可达 4 m，群体表面多起伏不平，有许多突起因此呈多叶状；珊瑚杯直径 0.8～1.1 mm；隔片内缘共有 5 个围栅瓣，背隔片和 4 对侧隔片各有一个围栅瓣，腹直接隔片边缘游离，通常无围栅瓣发育；轴柱小。

生活时多为棕色或奶油色，有时也呈紫色或蓝色。多生于礁后区边缘、潟湖、岸礁及海水清澈的浅水礁坪。广泛分布于印度-太平洋海区，通常不常见。

163 巨锥滨珊瑚
Porites monticulosa Dana, 1846

群体生长型多变，可以是团块状、皮壳状、板状、分枝状或皮壳状，通常是混合生长型，群体直径通常不超过 1 m；珊瑚杯小，直径 0.5～0.7 mm，杯壁较厚，且形成突起，珊瑚杯通常被杯壁突起隔开成组分布；每个隔片在临近杯壁位置有一个齿突，内缘通常共有 6 个围栅瓣，腹直接隔片三联式，内缘仅有一个小的围栅瓣；轴柱小。

生活时多为棕色或蓝色。多生于浅水珊瑚礁生境。广泛分布于印度 - 太平洋海区，有时常见。

164 莫氏滨珊瑚
Porites murrayensis Vaughan, 1918

群体为团块状、球状或半球状，直径最大可达 50 cm；珊瑚杯多角形，均匀分布，直径 0.8～1.0 mm，杯壁厚度不一，从较薄到约 1/2 直径；隔片薄而短，仅为 1/2 内半径，因此珊瑚杯中央部位深窝状；隔片内缘共有 4 个围栅瓣，背隔片和腹直接隔片通常无围栅瓣发育，侧隔片稍长于背隔片和腹直接隔片，腹隔片边缘游离；轴柱小或不发育。

生活时多为棕色或奶油色，浅水生境多为亮色。多生于水体清澈的浅水礁坪。广泛分布于印度 - 太平洋海区。

滨珊瑚科

165 短枝滨珊瑚
Porites negrosensis Veron, 1990

群体为扭曲分枝交汇融合形成的灌丛状，大群体有皮壳状基部；分枝基部直径约 2 cm，或直立或弯曲匍匐；珊瑚杯近圆形，直径 1.2～1.4 mm，深窝状，因此分枝表面显得坑坑洼洼，珊瑚杯间距大，杯壁厚，顶部光滑；隔片厚且长，基本到达杯中心，每个隔片外边缘有一个小齿，内缘共形成 6 个大而明显的围栅瓣，其中背直接隔片有一个围栅瓣，4 对侧隔片上各有一个围栅瓣，腹直接隔片三联式，末端有一个围栅瓣。

生活时多为奶油色或棕色。生于各种珊瑚礁生境，尤其是下礁坡和潟湖等受庇护的生境。广泛分布于印度-太平洋海区。

166 灰黑滨珊瑚
Porites nigrescens Dana, 1846

群体为分枝状，有时有皮壳状或扁平基部；分枝基部直径小于 2.5 cm，长直锥形或弯曲交联，末端多以锐角分出多个小枝，分枝柱状或稍侧扁，间距较为紧凑；珊瑚杯多角形，直径约 1.5 mm，珊瑚杯浅窝状，杯壁有结节状的尖突；隔片厚且长，每个隔片上边缘有 2 个小齿，隔片内缘共有 5 个大而明显的围栅瓣，背直接隔片无围栅瓣，4 对侧隔片上各有一个围栅瓣，腹直接隔片三联式，末端有一个围栅瓣。

生活时多为灰色或淡棕色。多生于受庇护的浅水珊瑚礁生境。分布于印度-太平洋海区，不常见。

167 火焰滨珊瑚
Porites rus (Forskål, 1775)

群体生长型多变，有皮壳状、水平板状、卷曲交联的柱状分枝、不规则团块状或亚团块状，多数为混合生长型，常见为板叶状基底加柱状融合分枝，可形成直径超过 5 m 的大群体；珊瑚杯小，直径小于 0.7 mm，由脊膜隔开并成组排列，脊膜的颜色通常较浅，分枝顶部的脊膜互相汇集，成火焰状排列，在水下尤为明显，因此而得名；隔片长，每个隔片上边缘通常有一个小齿，共有 6 个围栅瓣，腹直接隔片融合三联式；轴柱不发育或不明显。

生活时为紫色、蓝棕色、棕色或奶油色，分枝顶端颜色较浅。多生于浅水珊瑚礁区，可形成优势种。广泛分布于印度 - 太平洋海区。

168 结节滨珊瑚
Porites tuberculosus Veron, 2000

群体为分枝状，有时有皮壳基部；分枝粗短，基部直径约 1 cm，或垂直或匍匐，常发生融合，分枝末端截平呈方形；珊瑚杯深度中等，圆形，直径约 2 mm，共骨部位有结节状且弯曲的突起，分枝表面显得粗糙不平，珊瑚杯位于突起之间，单个分布或连成短谷；隔片内缘共有 5 个或 8 个围栅瓣，背直接隔片有一个围栅瓣，4 对侧隔片上各有一个围栅瓣，腹直接隔片边缘游离，上有 1～3 个围栅瓣；轴柱明显。

生活时多为灰色或绿色。多生于受庇护的珊瑚礁生境，如下礁坡和潟湖等。分布于印度 - 太平洋海区，有时常见。

| 滨珊瑚科 | 121

169 华氏滨珊瑚
Porites vaughani Crossland, 1952

群体多为皮壳状或板状，有时表面有柱状突起；珊瑚杯近圆形，直径 0.8～1.5 mm，杯壁较厚，珊瑚杯间距大，共骨部位有断续或弯曲迂回的脊突，表面显得凸凹不平，珊瑚杯位于脊突之间，多成组排列连成短谷；每个隔片上边缘通常有 2 个小齿，隔片内缘共有 8 个围栅瓣，背直接隔片有一个围栅瓣，4 对侧隔片上各有一个围栅瓣，腹直接隔片边缘游离，上有 3 个围栅瓣；轴柱小而深，不明显。

生活时多为奶油色、红色、棕色或蓝紫色。生于多种珊瑚礁生境。分布于印度 - 太平洋海区，有时常见。

星群珊瑚科
Astrocoeniidae Koby, 1889

星群珊瑚科共有非六珊瑚属 *Madracis*、帛星珊瑚属 *Palauastrea*、柱群珊瑚属 *Stylocoeniella* 和 *Stephanocoenia* 4 个属，其中柱群珊瑚属最为原始，位于进化树的分枝底端，这也和化石证据相符。帛星珊瑚属和 *Stephanocoenia* 均为单种属且为分枝状，其中 *Stephanocoenia* 和非六珊瑚属的一些种类仅分布于加勒比海区，其他种类多是广泛分布于印度 - 太平洋海区。

本科珊瑚生长型有皮壳状、块状或分枝状，虽然 4 个属之间的骨骼特征差异很大，但它们共同特点为隔片坚固，排列整齐，轴柱杆状，除非六珊瑚属的一些种类不含虫黄藻外，其他种类均为和虫黄藻共生的造礁类群。

帛星珊瑚属 *Palauastrea* Yabe & Sugiyama, 1941

群体分枝状；珊瑚杯明显；隔片6个，稍突出，呈星状；共骨上布满细齿。多分布在浑浊水体的沙地之上。

170 多枝帛星珊瑚
Palauastrea ramosa Yabe & Sugiyama, 1941

单种属，群体分枝状，由末端钝圆的柱状分枝互相交联汇合而成；珊瑚杯圆形、浸埋；隔片两轮，不等大且不和轴柱相连，水下即可见6个第一轮隔片及星状的珊瑚杯；共骨上布满细刺；轴柱为刺杆状，半透明的白色触手白天可伸出。

生活时为奶油色或棕粉色，水下很容易和细柱滨珊瑚混淆，但后者分枝更为粗壮。多生于浑浊的水体及沙质基底上。主要分布于印度-太平洋海区近赤道区域，但不常见。

柱群珊瑚属 *Stylocoeniella* Yabe & Sugiyama, 1935

群体多为皮壳状或团块状；共骨上布满细齿；珊瑚杯旁边常可见一杆状刺突。

171 甲胄柱群珊瑚
Stylocoeniella armata (Ehrenberg, 1834)

群体皮壳状或亚团块状；珊瑚杯在共骨上呈深坑状分布，间距较大，直径1～1.3 mm；隔片两轮，发育良好，等大或稍不均匀，隔片于中心形成刺突形成围栅结构，轴柱杆状；几乎每个珊瑚杯旁边都长有一个明显的共骨突起，呈细柱状。

生活时多为绿色、鲜红色或棕色。多生于浅水珊瑚礁区。广泛分布于印度-太平洋海区，偶见种。

172 科科斯柱群珊瑚
Stylocoeniella cocosensis Veron, 1990

群体为小型皮壳状，表面通常较为平坦；珊瑚杯不规则突起，直径通常在 1 mm 以下；隔片两轮，不等大；轴柱较小；共骨上布满细密的小刺，活体时即可见，珊瑚杯旁边的杆状突起或很小或无。

生活时多为棕绿色。多生于隐蔽的珊瑚礁生境，尤其是突出的礁石下方。主要分布于西太平洋，偶见种。

173 罩胄柱群珊瑚
Stylocoeniella guentheri (Bassett-Smith, 1890)

群体皮壳状或团块状，上有圆丘状或短柱状的垂直突起，呈结瘤状；珊瑚杯呈浅孔状分布，直径 0.8 mm，间距较大；共骨上珊瑚杯旁边生有杆状刺花，虽小但明显；隔片两轮，大小相差很大，第一轮隔片明显，长可达到轴柱，第二轮发育不良，刺状或无；轴柱杆状，小但明显。

生活时多为浅棕色到绿棕色。多生于隐蔽的珊瑚礁生境。广泛分布于印度-太平洋海区。

筛珊瑚科
Coscinaraeidae
Benzoni, Arrigoni, Stefani & Stolarski, 2012

筛珊瑚属 *Coscinaraea* 原隶属于铁星珊瑚科 Siderastreidae，随后的系统发育分析发现它和铁星珊瑚科的沙珊瑚属 *Psammocora*、铁星珊瑚属 *Siderastrea* 和假铁星珊瑚属 *Pseudosiderastrea* 均存在明显的形态学差异和遗传分化，因此将筛珊瑚属提升成为筛珊瑚科 Coscinaraeidae。

筛珊瑚属 *Coscinaraea* Milne Edwards & Haime, 1848

群体多为团块状、柱状、皮壳状或板状；珊瑚杯通常不规则散布或以短谷形式排列；隔片-珊瑚肋边缘锯齿状或布满细颗粒；珊瑚杯壁不甚明显，由几圈合隔桁形成低的脊膜。

174 柱形筛珊瑚
Coscinaraea columna (Dana, 1846)

群体为皮壳状、叶状到团块状或柱状，生长型常随附着基底而变化；珊瑚杯直径 1.5～6 mm，多数为 3～4 mm，常单独分布或排成谷，谷中最多有 12 个珊瑚杯，长可达 5 cm；脊膜的高度不一，最高达 4 mm，末端或钝圆或稍尖；隔片一般有 12～15 个延伸至杯中心，隔片薄且多孔，边缘具有多刺的颗粒，两侧也有颗粒；轴柱较深突出部明显，由几个向上的乳突状小梁组成。

生活时为黄绿色、灰色、棕色或淡黄色。多生于浅水珊瑚礁区，尤其是受庇护的生境。广泛分布于印度-太平洋海区。

筛珊瑚科 | 127

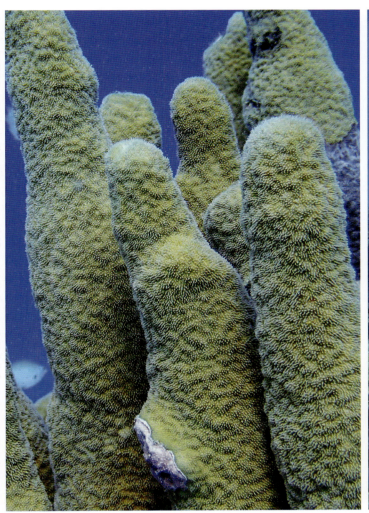

175 吞噬筛珊瑚
Coscinaraea exesa (Dana, 1846)

群体多为柱状，末端扁平而钝圆；珊瑚杯直径 6 mm，很浅，分枝基部的珊瑚杯仅位于浅表面，而柱状分枝上的珊瑚杯则排成短谷；隔片较厚，共有 18～24 个，一般有 8 个达到杯中心，呈花瓣状的结构；隔片上有颗粒，在柱状上部隔片颗粒可形成明显的分叶状；轴柱明显，由钝圆的向上突起的小梁组成。

生活时为灰色、棕色或棕绿色。多生于浅水珊瑚礁区，在潟湖内可形成直径数米的大型群体。广泛分布于印度-太平洋海区。

双星珊瑚科
Diploastreidae Chevalier & Beauvais, 1987

分子系统学研究发现双星珊瑚属与原蜂巢珊瑚科的各属及其他石珊瑚在 DNA 序列上均存在很大的差异，最初将其归为蜂巢珊瑚科仅是基于整体外形的相似性，但是其骨骼微结构并不同，如同双星珊瑚的珊瑚杯壁绝大多数为隔片鞘，另有部分为合隔桁鞘，隔片边缘的齿特别细小，因此将其单独列为一个科。本科仅有一种珊瑚，即同双星珊瑚，是水下最容易辨识的珊瑚之一，还是形态变化最小的团块状珊瑚。

双星珊瑚属 *Diploastrea* Matthai, 1914

单种属，皮壳块状，由外触手芽无性生殖形成的大型融合群体；珊瑚杯低矮锥形，轮廓呈较规则的多边形；隔片等大，边缘有齿；轴柱发育良好。

176 同双星珊瑚
Diploastrea heliopora (Lamarck, 1816)

群体为皮壳块状、圆顶形或扁平状，表面平整无突起，可形成大群体，最高可达 2 m，直径可达 5 m；珊瑚杯融合状，低矮的圆锥形，大小和形状较为规则，排列紧凑，杯壁厚，开口小；隔片等大，排列整齐规则，隔片在杯壁位置较厚，向轴柱方向逐渐变细，隔片边缘有细齿；轴柱发育良好，较大，由扁平小梁形成，出芽方式为外触手芽。

生活时为均一的奶油色或灰色，有时为绿色。生于多种珊瑚礁生境，大型群体多生于受庇护的生境。广泛分布于印度 - 太平洋海区。

石芝珊瑚科
Fungiidae Dana, 1846

最新的形态学和分子系统学研究对石芝珊瑚科进行了诸多修订，主要变动在属级阶元，以及由分子生物学证据而来的同物异名修订。石芝珊瑚科现共包括16个属，分别是 Cantharellus、梳石芝珊瑚属 Ctenactis、圆饼珊瑚属 Cycloseris、刺石芝珊瑚属 Danafungia、石芝珊瑚属 Fungia、帽状珊瑚属 Halomitra、辐石芝珊瑚属 Heliofungia、绕石珊瑚属 Herpolitha、石叶珊瑚属 Lithophyllon、叶芝珊瑚属 Lobactis、侧石芝珊瑚属 Pleuracti、多叶珊瑚属 Polyphyllia、足柄珊瑚属 Podabacia、履形珊瑚属 Sandalolitha、Sinuorota 和 Zoopilus。最新的研究通过对线粒体和转录间隔区序列分析，对石芝珊瑚科物种进行了分类学上的再调整，主要是将石芝珊瑚属中的部分亚属提升为属，包括刺石芝珊瑚属、叶芝珊瑚属和侧石芝珊瑚属，将部分石芝珊瑚属的物种合并到石叶珊瑚属，此外还将石芝珊瑚科原有的双列珊瑚属合并入圆饼珊瑚属（Gittenberger et al., 2011）。

本科珊瑚营单体或群体生活，水螅体通常较大，一些单体种类直径可达50 cm，营自由生活或附着生活。石芝珊瑚因其水螅体大通常较耐受沉积物的掩埋，多数自由生活的石芝珊瑚栖息于沙质基底，它们可以使组织内充水膨胀收缩清除沉积物并发生移动。石芝珊瑚科的一些珊瑚在幼体阶段常固着于基底之上，成体之后脱离营自由生活，符合这一特征的包括所有的单体珊瑚和一些群体珊瑚，如梳石芝珊瑚属、绕石珊瑚属、多叶珊瑚属、履形珊瑚属的珊瑚，而其他的群体珊瑚，如石叶珊瑚属和足柄珊瑚属的珊瑚则终生营固着生活。

梳石芝珊瑚属 Ctenactis Verrill, 1864

长履形或长椭圆形，沿中线形成中轴沟；单口道或多口道。

177 厚实梳石芝珊瑚
Ctenactis crassa (Dana, 1846)

珊瑚骨骼呈厚实的长椭圆形，扁平或略拱形，最长径达 50 cm；成体有多个口，沿中轴分布形成中轴沟，中轴沟延伸至两端边缘位置；隔片排列致密，主要隔片上的齿粗大且延长，末端圆弧到棱角状，1 cm 内隔片齿数目少于 10 个，隔片齿间距较大，约 1.5 mm，隔片两侧的颗粒分布均匀，次要隔片边缘为明显的叶片状齿。

生活时常为棕色。多生于礁坡隐蔽处和潟湖内沙底之上。广泛分布于印度-太平洋海区。

178 刺梳石芝珊瑚
Ctenactis echinata (Pallas, 1766)

珊瑚骨骼为厚实的长履形，且呈拱形，两端圆而稍扁平，长宽比约为 2.5，中间部位有"腰"；中央窝较长，最长可达到两端，成体通常只有一个口；主要隔片明显突出，上有三角形的隔片齿，隔片齿上有不同厚度的颗粒状石灰质簇，主要隔片之间通常有 1~5 个低矮的次级隔片，次级隔片边缘光滑或有不明显的细齿；背面珊瑚肋单枝状，上有密集小刺；中央窝两侧的隔片有时发生融合，似有多个口而呈准群体状，中央窝底部有瘦小的小梁形成轴柱。

生活时常为棕色。多生于礁坡和潟湖。广泛分布于印度-太平洋海区。

圆饼珊瑚属 Cycloseris Milne Edwards & Haime, 1849

单体，圆形或卵圆形，自由生活，或皮壳状群体，形状不规则；初级隔片较厚，在口中央较突出，隔片边缘有细的尖齿；珊瑚肋有不明显的细尖齿，有时呈颗粒状。

179 摩卡圆饼珊瑚
Cycloseris mokai (Hoeksema, 1989)

群体通常较小，营固着生活，皮壳状生长，边缘部位不游离；小型群体通常可见一个明显的中心珊瑚杯；隔片-珊瑚肋有两种类型，厚薄交替排列，但长短不一，或连续或很短，厚的隔片-珊瑚肋表面布满细颗粒或小刺突，而薄的隔片-珊瑚肋边缘具有锯齿状刺突，隔片-珊瑚肋两侧布满细颗粒。

生活时为深棕色或红棕色。多生于浅水珊瑚礁生境。广泛分布于印度-太平洋海区，不常见。

刺石芝珊瑚属 *Danafungia* Wells, 1966

隔片和珊瑚肋大小高低相间排列，隔片边缘的齿多呈三角形或刺状，或细而不明显或大而粗糙，低轮次珊瑚肋上的刺突更大更密。

180 多刺石芝珊瑚
Danafungia horrida (Dana, 1846)

珊瑚骨骼圆形，直径达 20 cm，或扁平或在中部有一突起；隔片大小参差不齐，边缘有三角形或柱形的齿，隔片齿大且规则，有一条中肋突起；触手耳垂（tentacular lobe）有时发育，但不明显；背面珊瑚肋间距大，大珊瑚肋边缘有简单的细齿，珊瑚肋之间有凹坑。

生活时为棕色，有时有辐射状的条纹，触手耳垂为白色。多生于礁坡和潟湖。广泛分布于印度 - 太平洋海区，在红海和印度洋西部常见。

181 碓刺石芝珊瑚
Danafungia scruposa (Klunzinger, 1879)

珊瑚骼为厚的圆形或卵圆形，直径可达 24 cm，中央部位稍拱起，中央窝延长；隔片多且排列紧密，低轮次隔片明显比高轮次较厚，隔片常发生波浪形弯曲，且在中央窝位置向上隆起；隔片大致有 5 轮，边缘布满大小和形状均不规则的齿，多数为不规则的三角形，有时加厚形成垂直棒状或柱状；背面珊瑚肋多，珊瑚肋之间多孔，主要珊瑚肋上有长的棘刺，棘刺末端又有小刺，次级珊瑚肋上无棘刺，仅在边缘位置可见。

生活时为棕色或棕色杂以辐射状的紫红色条纹。多生于礁坡和潟湖。广泛分布于印度 - 太平洋海区，不常见。

| 石芝珊瑚科 | 135

石芝珊瑚属 *Fungia* Lamarck, 1801

自由生活；隔片边缘布满精细到粗糙的尖齿；珊瑚肋齿多为长而尖的圆锥形。

182 石芝珊瑚
Fungia fungites (Linnaeus, 1758)

珊瑚骼圆形到卵圆形，或扁平或稍弓形，直径可达28 cm；中央窝短而深，底部有交错的小颗粒或小条状的小梁；正面凸，背面凹，除附着柄痕迹之外，还有缝隙布满整个背面；隔片数目多，排列紧密，齿小而尖，三角形，且有发育良好的中肋；珊瑚肋长的尖锥状，光滑。

生活时为白色或杂色。多生于礁坡和潟湖。广泛分布于印度-太平洋海区，较常见。

帽状珊瑚属 *Halomitra* Dana, 1846

自由生活，多口道中心；无轴珊瑚杯，近圆形，凸或半圆钟盖形；隔片-珊瑚肋上齿的形状排列类似于 *Fungia fungites*。

183 小帽状珊瑚
Halomitra pileus (Linnaeus, 1758)

群体多为较大的圆顶状、扁平状或钟形，无口道沟；营自由生活，不附着；珊瑚杯间距较大，大小随着生长而增加；小型群体的隔片-珊瑚肋从起始生长点呈扇形辐射伸出，和边缘垂直，随着生长隔片-珊瑚肋之间形成明显的界限沟；隔片齿的结构类似石芝珊瑚 *Fungia fungites*，为规则尖刺，两侧有细颗粒，隔片间有合隔桁相连。

生活时浅棕色，珊瑚杯口盘呈白色，群体边缘部分为粉红色或紫色。多生于礁坡隐蔽处或潟湖的软质基底上。广泛分布于印度-太平洋海区，不常见。

辐石芝珊瑚属 *Heliofungia* Wells, 1966

单种属；触手白天黑夜均伸展，触手呈长圆筒状。

184 辐石芝珊瑚
Heliofungia actiniformis (Quoy & Gaimard, 1833)

单体珊瑚，成体营自由生活，骨骼圆形或稍椭圆形，有一个中央口，下表面有个明显的附着柄迹；第一至第四轮隔片突出，有粗糙的三角齿或裂瓣齿，更高轮次的隔片则逐步低矮不显著；珊瑚肋多，基本等大，装饰有圆形到三角形的钝刺。

水螅体是所有珊瑚中最大的，触手长圆筒状，灰绿色而末端颜色明显不同多为白色或黄色，白天晚上均伸出，两侧都有颗粒。多生于潟湖内碎石或沙质基底之上或浑浊的环境。广泛分布于印度-太平洋海区。

绕石珊瑚属 *Herpolitha* Eschscholtz, 1825

群体珊瑚，自由生活，上凸下凹，沿中轴形成一系列口道，可延伸至两端，形状多变，呈"Y"形、"V"形、"X"形。

185 绕石珊瑚
Herpolitha limax (Esper, 1797)

群体珊瑚，整体长梭形，末端圆形或尖弧，营自由生活，形态多样，呈"Y"形、"X"形、"V"形或宽头履形，长宽比在 1.5～6；群体中央有一线形口道中心沟，有时分叉状，此外还有与中央沟大致平行的次级口道中心；由于多口道中心，隔片排列不规则，边缘有小而规则的三角齿；轴柱由松散小梁组成，多发育不全；背面边缘多孔且布满刺突或瘤突。

生活时为浅棕、深棕色到棕绿色。多生于礁坡和潟湖，伴生于石芝珊瑚周围。广泛分布于印度-太平洋海区。

石叶珊瑚属 *Lithophyllon* Rehberg, 1892

单体自由生活或群体固着生活；隔片齿中等大小，呈稀疏的锯齿状；珊瑚肋为简单的颗粒状突起或极其复杂的分叉状突起。

186 和谐石叶珊瑚
Lithophyllon concinna (Verrill, 1864)

珊瑚骨骼通常近圆形，直径可达 16 cm，通常较为扁平，但厚度不一，边缘有时略上翘，背面无凹陷；在中央窝的位置低轮次隔片明显突出，边缘布满角形齿，高轮次隔片边缘有不规则的分叶或棘刺，隔片两侧有小的尖锥状细刺；珊瑚肋多细，大小不等但按照轮次规律排列，边缘布满短的颗粒状棘突，棘突末端钝圆或分叉。

生活时通常为棕色，边缘位置颜色多明显不同。多生于礁坡和潟湖。广泛分布于印度-太平洋海区。

187 弯石叶珊瑚
Lithophyllon repanda (Dana, 1846)

珊瑚骨骼圆而大，直径达 30 cm，厚而扁平或略呈拱形；隔片几乎等高，隔片齿细而清晰，低轮次隔片在中央窝位置相对较突出，边缘有三角形细齿；珊瑚肋多，大小不等但按照轮次规律循环排列，其上有不规则棘突，大珊瑚肋上为分叉状的大棘突，小珊瑚肋低矮棘突也小，珊瑚肋之间有深坑。

生活时为棕色，白天可见触手伸出，触手多呈白色。多生于礁坡和潟湖。广泛分布于印度 - 太平洋海区，较常见。

188 鳞状石叶珊瑚
Lithophyllon scabra (Döderlein, 1901)

珊瑚骨骼通常为卵圆形，扁平或稍拱形；隔片薄而直，排列较为规整，在浑浊的生境隔片排列则多不规则；隔片齿细，圆锥形或颗粒状，有时形成小的耳垂；珊瑚肋细，边缘布满颗粒状突起，珊瑚肋之间无凹陷或孔洞。

生活时通常为棕色。多生于礁坡和潟湖。广泛分布于印度 - 太平洋海区，偶见种。

189 波形石叶珊瑚
Lithophyllon undulatum Rehberg, 1892

群体固着生活，初始为皮壳状生长，随后形成板状或叶状，边缘部位多有分叶；隔片-珊瑚肋大小交替排列，从中间部位辐射伸出，在群体边缘呈平行排列，群体中间部位的隔片-珊瑚肋明显短于周边部位；主要隔片厚而突出，边缘有小而不规则的颗粒或扭曲的小刺。

生活时为棕绿色、奶油色或棕色，有时珊瑚杯呈白色。多生于石质基底上。广泛分布于印度-太平洋海区。

叶芝珊瑚属 *Lobactis* Verrill, 1864

单体，自由生活，延长的卵圆形；低轮次隔片较为粗大坚固，隔片齿很细；珊瑚肋齿长，表面布满很小的尖齿因而显得粗糙。

190 楯形叶芝珊瑚
Lobactis scutaria (Lamarck, 1801)

珊瑚骨骼为厚实的卵圆形或不规则形状，直径达17 cm；隔片大致4轮，只有第一轮和中央窝相连，高轮次隔片起始位置离中央窝远；隔片多，波浪形，隔片间每隔一定距离即有膨大且高出其他隔片的加厚耳垂，耳垂三角形、方形或椭圆形，在耳垂以外隔片边缘呈细锯齿状；珊瑚肋多而明显，上有形状变异较大的小刺。

生活时为棕色、黄色或杂色，耳垂多为白色。多生于上礁坡风浪强劲处。广泛分布于印度-太平洋海区。

侧石芝珊瑚属 *Pleuractis* Verrill, 1864

单体，自由生活，圆盘状或长椭圆形，中央稍隆起；隔片数目多，排列致密，低轮次厚且明显；珊瑚肋大小排列均匀，其上的齿多钝圆而侧扁，且有细颗粒突起。

191 颗粒侧石芝珊瑚
Pleuractis granulosa (Klunzinger, 1879)

珊瑚骨骼圆盘状，直径可达 13.5 cm，中央部分扁平或形成拱起，中央沟狭且长；隔片数目多，厚且呈波纹状，边缘部分有细小的不规则钝颗粒或角状齿；触手耳垂较长；珊瑚肋细而不明显，通常仅有低轮次相对明显，其间有浅孔，此外背面还有小乳突或棘刺排列成的珊瑚肋状结构。

生活时多为棕色。多生于礁斜坡和潟湖。广泛分布于印度 - 太平洋海区，通常不常见。

192 波莫特侧石芝珊瑚
Pleuractis paumotensis (Stutchbury, 1833)

珊瑚骨骼长椭圆形，直径可达 25 cm，整体较为厚重，中部有一条狭长的中央沟，有时可形成外周中心；主要隔片从中央窝伸出到达边缘，主要隔片与次要隔片相间排列，隔片稍弯曲，边缘处的隔片高低参差不齐，无触手耳垂，隔片两侧有细颗粒；背面附着柄在成体中基本不可见，珊瑚肋细密且直，大小和间距基本相等。

生活时为棕色。多生于礁坡和潟湖。广泛分布于印度 - 太平洋海区。

| 石芝珊瑚科

足柄珊瑚属 *Podabacia* Milne Edwards & Haime, 1849

群体，扁平或叶状，坚固有孔，成体时附着于基底。

193 壳形足柄珊瑚
Podabacia crustacea (Pallas, 1766)

群体固着生活，皮壳状、卷曲叶片状、薄板状或层层搭叠；珊瑚杯仅在一面分布，有时具有一个明显的中心珊瑚杯，珊瑚杯较突出，且向群体边缘倾斜；杯间由共同的隔片相连，一般隔片12个，高矮相间排列，由于隔片高低不平因此表面显得粗糙，背面多孔，且有细沟槽。

生活时多为深棕色或褐色，群体边缘和隔片色浅。生于各种珊瑚礁生境。广泛分布于印度-太平洋海区，不常见。

194 兰卡足柄珊瑚
Podabacia lankaensis Veron, 2000

群体为皮壳状或板状，常松散地附着于基底或呈游离状态，群体多呈不规则扭曲状，边缘部位有不规则分叶；珊瑚杯仅分布在上表面，无中央珊瑚杯，群体边缘的珊瑚杯多向外倾斜；隔片-珊瑚肋大小不等，粗细相间排列，两侧布满大小不等的细颗粒，边缘有大型齿突，其上有许多小刺花。

生活时为棕色或棕灰色。多生于受庇护的浅水生境。分布于印度洋和西太平洋，偶见种。

多叶珊瑚属 *Polyphyllia* Blainville, 1830

椭圆形或长形,上凸下凹,多口道;珊瑚肋小而稀疏,刺花小而少。

195 多叶珊瑚
Polyphyllia talpina (Larmarck, 1801)

群体珊瑚,骨骼长形、尖梭形或弓草鞋形,有时分叉;珊瑚杯在中间部分排成一条弯曲的纵轴线,多口道,上表面凸,下表面凹,上有孔,珊瑚肋小而稀疏,刺花小而不多,珊瑚杯无壁;相邻珊瑚杯由隔片-珊瑚肋相连,主要隔片-珊瑚肋膨大加厚,次要隔片-珊瑚肋薄,二者相间排列,隔片-珊瑚肋两侧具有明显的粗颗粒;轴柱发育不全或仅有短棒状小梁组成。

生活时为深褐色或淡褐色,触手长而多,尖端有白色小点,白天伸展出。多生于礁坡和潟湖。广泛分布于印度-太平洋海区。

履形珊瑚属 *Sandalolitha* Milne Edwards & Haime, 1849

群体，自由生活，无中轴沟；隔片和珊瑚肋大小不等，排列紧密，为不规则的粗糙锯齿。

196 健壮履形珊瑚
Sandalolitha robusta (Quelch, 1886)

群体珊瑚，成体大且营自由生活，但背面中央有附着基痕迹，珊瑚骼形状不规则，圆板形，或长履形，凸或束腰履形，表面扁平或圆顶拱形；具有多个中心，且有一明显的中央窝；珊瑚杯圆形或卵圆形，无杯壁，且多沿着中轴方向密集分布；隔片3轮，前两轮粗大，第三轮薄而矮，珊瑚肋边缘布满不规则的尖齿。

生活时为绿色或棕色。生于各种珊瑚礁生境。广泛分布于印度-太平洋海区。

叶状珊瑚科
Lobophylliidae Dai & Horng, 2009

叶状珊瑚科是台湾学者戴昌凤和洪圣雯基于 Fukami 等（2008）分子系统学分析而新成立的分类单元，已被广泛认可，随后不断有新的形态学和分子生物学研究对其进行调整，现共有 13 个属，分别为棘星珊瑚属 *Acanthastrea*、*Acanthophyllia*、*Australophyllia*、缺齿珊瑚属 *Cynarina*、刺叶珊瑚属 *Echinophyllia*、*Echinomorpha*、同叶珊瑚属 *Homophyllia*、叶状珊瑚属 *Lobophyllia*、小褶叶珊瑚属 *Micromussa*、*Moseleya*、尖孔珊瑚属 *Oxypora*、*Paraechinophyllia* 和 *Sclerophyllia*，其中 *Acanthophyllia*、*Australophyllia*、缺齿珊瑚属和 *Echinomorpha* 是单种属；本科主要来自传统褶叶珊瑚科和梳状珊瑚科，叶状珊瑚属为本科模式属，同时最新研究根据骨骼微结构和分子生物学证据对原有分类阶元做出诸多修订，具体如下：棘星珊瑚属有三个变化，原来的 *Acanthastrea bowerbanki* 现为 *Homophyllia bowerbanki*，*Acanthastrea regularis* 现修订为 *Micromussa regularis*，而叶状珊瑚属的 *Lobophyllia pachysepta* 则调整为 *Acanthastrea pachysepta*（Arrigoni et al., 2016；Huang et al., 2016）；原蜂巢珊瑚科 Favidae 的蓟珊瑚属 *Scolymia* 现划分为三个属，其中分布在大西洋的蓟珊瑚类群仍保留在蜂巢珊瑚科蓟珊瑚属，其他类群则归到叶状珊瑚科的叶状珊瑚属和同叶珊瑚属（Budd et al., 2012）；原属于褶叶珊瑚科的合叶珊瑚属 *Symphyllia* 也被修订，其中 *Symphyllia wilsoni* 修订为 *Australophyllia wilsoni*，其余种类则全归入叶状珊瑚属（Arrigoni et al., 2016; Huang et al., 2016）；*Paraechinophyllia* 是 Arrigoni 等（2019）新成立的属，它在形态结构上和 *Oxypora* 及 *Echinophyllia* 相似，仅在珊瑚杯高度上存在差异，但通过 DNA 序列可以明确区分；此外，*Oxypora glabra* 和 *Echinophyllia echinata* 现分别修订为 *Echinophyllia glabra* 和 *Oxypora echinata*（Arrigoni et al., 2019）。

本科多为群体性造礁石珊瑚，多为团块状；珊瑚杯以多角形、融合形、笙形或扇形-沟回形方式排列，珊瑚杯和谷非常大，肉质组织肥厚，珊瑚杯壁厚；隔片大而坚固，上有明显的尖锐的齿状突起；轴柱一般发育良好。

棘星珊瑚属 *Acanthastrea* Milne Edwards & Haime, 1849

群体多为团块状或皮壳状，表面多扁平；珊瑚杯多角状或亚融合形排列，单口道中心，圆形或多边形，在杯壁位置加厚，肉质组织明显；隔片上有长齿。

197 刺状棘星珊瑚
Acanthastrea brevis Milne Edwards & Haime, 1849

群体多为皮壳状或亚团块状；珊瑚杯以多角形或亚融合形排列，肉质组织看起来并不明显，珊瑚杯直径约 1 cm，杯壁中等厚度；隔片薄且间距较大，主要隔片上有明显向上伸出的长齿，因此群体表面呈明显的刺毛状。

生活时为均匀的棕色、棕色间杂绿色或灰色。多生于浅水珊瑚礁生境。广泛分布于印度-太平洋海区，不常见。

198 厚片棘星珊瑚
Acanthastrea pachysepta (Chevalier, 1975)

群体为扁平或半球形的小型群体，也常以单体形式存在，由短且间距大的笙形或部分扇形-沟回形的珊瑚杯形成；珊瑚杯轮廓为圆形到不规则，长径4～5 cm，单口道，仅在分裂状态时为多口道；隔片可见4轮，但发育不全，其中第一轮隔片厚而明显，上有3～5个大而不规则的叶状齿突；珊瑚肋发育不良；轴柱大而弥散，海绵状。

生活时多为深绿色或深灰色，隔片呈亮黄色夹杂少许灰色。多生于上礁坡和潟湖。广泛分布于太平洋西部，不常见。

199 棘星珊瑚
Acanthastrea echinata (Dana, 1846)

群体为皮壳状或团块状，有时呈球状；珊瑚杯多角形到亚融合状排列，直径11～27 mm，杯壁厚；隔片间距基本等大，从边缘到中心逐渐变薄，隔片边缘有3～8个叶状或刺状的齿突，上部2个尖而大，相邻珊瑚杯的隔片膨大相对排列；珊瑚虫的肉质组织较厚，常折叠形成同心圆状的结构，且掩盖住其下的骨骼微结构特征。

生活时多为棕色和灰色形成的复合杂色，口道和共肉的颜色常明显不同。生于各种珊瑚礁生境。广泛分布于印度-太平洋海区。

200 圆盘棘星珊瑚
Acanthastrea rotundoflora Chevalier, 1975

群体多为皮壳状，有时也呈亚团块状，小个体通常有一个明显的中央珊瑚杯；珊瑚杯融合状排列，直径约 5 mm，在群体边缘珊瑚杯逐渐稀疏且向外倾斜，类似刺叶珊瑚属的形态；隔片无特定轮次，长短不一，边缘有长而尖的齿；轴柱由稀疏的小梁交织而成。

生活时珊瑚杯位置可以看到肉质组织，为深棕色、锈红色或绿色。多生于受庇护的珊瑚礁生境。分布于印度-太平洋海区，不常见。

缺齿珊瑚属 *Cynarina* Brüggemann, 1877

单种属，单体珊瑚，或附着或游离；隔片大而厚，隔片齿大，呈叶状；水螅体较为特别。

201 缺齿珊瑚
Cynarina lacrymalis (Milne Edwards & Haime, 1848)

单体珊瑚，轮廓为圆形或卵圆形，基部宽大，自由生活时基部尖；隔片通常3轮，第一轮隔片很厚，可达7 mm，明显突出，边缘有大的叶状齿突，边缘和两侧均有颗粒；轴柱大而明显，海绵状，所有的隔片均到达轴柱，隔片内缘底部加厚或有锯齿状突起形成围栅瓣。

生活时颜色变化较大，组织通常半透明状可见其下的白色骨骼。多生于受庇护的生境，如深水沙质基底。广泛分布于印度-太平洋海区，不常见。

刺叶珊瑚属 *Echinophyllia* Klunzinger, 1879

皮壳状或板状；珊瑚杯浸埋到管状，轴柱发育不良，隔片-珊瑚肋起始位置有孔洞，边缘具有大而明显的尖刺。

202 粗糙刺叶珊瑚
Echinophyllia aspera (Ellis & Solander, 1786)

群体为皮壳状或叶状，中心部位厚而边缘薄，随着生长中心部位可能变成丘状或亚团块状，而边缘部分发生卷曲；珊瑚杯稍凸出，常向边缘倾斜，大小和形状均多变，20 cm 以下的群体中通常可见一个中心珊瑚杯；隔片的数目变化很大，排列方式没有一定轮次，但高矮相间排列，主要隔片到达轴柱，非常突出，上边缘有 1～3 个大的齿突；珊瑚肋厚，上有稀疏的尖刺。

生活时为棕色、绿色或红色，口盘位置常为绿色或红色。生于各种珊瑚礁生境，尤其是下礁坡、岸礁和潟湖。广泛分布于印度-太平洋海区。

203 小刺叶珊瑚
Echinophyllia echinoporoides Veron & Pichon, 1980

群体为皮壳薄板或叶状，中心部分有时存在明显的结节或瘤突；珊瑚杯多数浸埋，分布不规则，直径 4～6 mm，中央部位的珊瑚杯呈圆形，边缘位置的珊瑚杯不规则，且向外倾斜；隔片两轮，第二轮部分发育，第一轮隔片上可见 1～4 个类似围栅瓣的刺突，其内缘扭曲伸向轴柱，轴柱较致密，隔片边缘布满细齿；珊瑚肋由中央辐射伸出和边缘相垂直，其上有细刺或珠状的突起。

生活时为奶油色、深棕绿色或砖红色。生于各种珊瑚礁生境。分布于印度-太平洋海区。

204 奥芬刺叶珊瑚
Echinophyllia orpheensis Veron & Pichon, 1980

群体皮壳状，直径多小于 40 cm，中心部分加厚隆起呈亚团块状，边缘薄板状；珊瑚杯凸出，直径可达 2.4 cm，中央垂直生长部分有时卷成管状，其上珊瑚杯呈扭曲的柱状，边缘的珊瑚杯半浸埋型且向外倾斜；隔片两轮，交替排列，第一轮隔片突出程度相当，到达轴柱且形成冠状的围栅瓣，越过杯壁形成厚的珊瑚肋，上有缺刻状刺花装饰，第二轮隔片小且不形成珊瑚肋；相邻珊瑚杯的珊瑚肋常相连。

生活时为奶油色、浅棕色或绿色。生于各种珊瑚礁生境。分布于印度 - 太平洋海区。

205 平滑刺叶珊瑚
Echinophyllia glabra Nemenzo, 1959

群体为皮壳状、薄板状或叶状，形成薄而扁平或搭叠或卷曲的板状，边缘部分较粗糙；珊瑚杯分布不规则，直径 6～8 mm，群体边缘的珊瑚杯分布较稀疏；珊瑚杯有 4～8 个隔片尤为突出，上有 1～3 个大的齿突，这些隔片常按顺时针方向螺旋伸至珊瑚杯中心，隔片内缘汇合因此轴柱不明显；珊瑚肋通常等大，和群体边缘垂直，边缘少齿，一般较低矮，在隔片 - 珊瑚肋起始位置的骨骼常有孔洞。

生活时为棕黄色。多生于受庇护的浅水礁坡。广泛分布于印度 - 太平洋海区。

叶状珊瑚科 | 151

206 平展刺叶珊瑚
Echinophyllia patula (Hodgson & Ross, 1982)

群体为薄板状皮壳状；珊瑚杯浸埋，形状不规则，排列间距大，直径可达 1 cm，有时可见一个大而明显的中央珊瑚杯；隔片无明显轮次，通常有 8～11 个；珊瑚肋发育良好，上有均匀排列的三角状尖刺，珊瑚肋起始的位置有明显的深窝；轴柱大而明显，由扭曲的小梁交织而成。

生活时为灰色、灰绿色或棕色。多生于水体清澈的垂直崖壁，深度可达 10～40 m。分布于印度-太平洋海区，有时常见。

同叶珊瑚属 *Homophyllia* Brüggemann, 1877

通常为单体；珊瑚杯杯状；隔片坚固，齿突叶状，不规则。

207 澳洲同叶珊瑚
Homophyllia australis (Milne Edwards & Haime, 1848)

通常为单口道的单体珊瑚，但有时单个珊瑚杯有多口道，偶为独立的多个珊瑚杯；珊瑚杯为碟子形状，直径通常不超过 4 cm；隔片坚固，第一轮到达轴柱，第四、第五轮通常发育不全，隔片边缘有钝的锯状齿突；轴柱发育良好。

生活时色彩鲜艳，多为棕色、蓝色、红色或绿色的复合。多生于珊瑚礁生境的石质基底表面。分布于印度-太平洋海区，在亚热带海区相对较常见。

叶状珊瑚属 *Lobophyllia* de Blainville, 1830

群体多为团块状；珊瑚杯大，排列方式为沟回形、笙形或扇形 - 沟回形；隔片大，边缘有长齿，轴柱宽大。

208 菌形叶状珊瑚
Lobophyllia agaricia (Milne Edwards & Haime, 1849)

群体为团块状，谷连续弯曲或辐射状，长短不定，宽达 3.5 cm；隔片排列无明显的轮次，厚度也变化很大，1 cm 有 8～10 个隔片，其中主要隔片厚且长，边缘上有颗粒状的钝齿，次要隔片薄，上有细齿；相邻隔片在脊塍上被细沟槽隔开；轴柱轻微发育，由隔片内缘交联而成；轴柱之间由平行的薄片相连。

生活时为棕色、绿色或杂色。多生于上礁坡风浪较大处。广泛分布于印度 - 太平洋海区，但不常见。

209 伞房叶状珊瑚
Lobophyllia corymbosa (Forskål, 1775)

群体为半球状，由短而紧密排列的笙形珊瑚杯组成；珊瑚杯多为单口道或三口道，但不形成连续弯曲的谷，谷通常较短，最长 5～6 cm；珊瑚杯较深，杯壁厚 4 mm；主要隔片和次要隔片交替排列，主要隔片厚且突出，边缘有 3～6 个齿突，末端常有 2 个长齿，次要隔片小而薄；珊瑚肋刺少而稀，大小不等。

生活时多为灰褐色或棕绿色，口盘位置为灰白色。多生于上礁坡和潟湖。广泛分布于印度 - 太平洋海区。

210 矮小叶状珊瑚
Lobophyllia diminuta Veron, 1985

群体较小，扁平或圆顶状，由短而不规则的分枝形成；珊瑚杯笙形、圆形到椭圆形，通常单口道中心，有时也为两至三口道，直径约 4 cm；隔片发育变化大，轮次通常不明显，但第一轮隔片厚而明显，上有 2～3 个明显的长可达 5 mm 的尖刺状齿突，其他隔片薄且短，上有许多小齿；珊瑚肋发育不良，仅在第一轮隔片外边缘有不规则的棘刺；轴柱发育良好，圆形或椭圆形，最大可达 8 mm。

生活时多为浅黄色或橘黄色夹杂灰白色。多生于上礁坡和潟湖。分布于印度-太平洋海区，不常见。

211 褶曲叶状珊瑚
Lobophyllia flabelliformis Veron, 2000

群体为团块状，常呈现为大的圆顶状、半球状到扁平状群体；珊瑚杯为扇形-沟回状，谷宽最大 5 cm，相邻的谷排列相对紧凑，但无共同的珊瑚壁；约有一半的隔片厚且突出，上有大的刺状或叶状齿突。

生活时为棕灰色或深绿色，珊瑚虫具有肉质的外套膜，表面除触手外还布满乳突，由于外套膜遮盖其下的骨骼特征因此水下看起来类似合叶珊瑚。生于多种珊瑚礁生境。分布于太平洋西部，但不常见。

212 盔形叶状珊瑚
Lobophyllia hataii Yabe, Sugiyama & Eguchi, 1936

群体边缘位置呈扇形 - 沟回形，中央位置为亚沟回形；谷通常宽而浅，谷底平坦，口道中心通常排成两列，但在谷底平坦位置则均匀分布；隔片一般3轮，第一轮厚而突出，上有4～8个棘刺状或叶状突起，第三轮薄而短，多发育不全，隔片两侧均布满细颗粒；轴柱由小梁缠绕交织而成，轴柱之间在沿着谷的方向有2～6个类似隔片的横板相连，珊瑚肋为平行排列的长刺。

生活时常为棕色或绿色。多生于上礁坡或潟湖。广泛分布于印度 - 太平洋海区，不常见。

213 赫氏叶状珊瑚
Lobophyllia hemprichii (Ehrenberg, 1834)

群体为半球形或扁平的团块状，常形成直径数米的大群体；珊瑚杯笙形，单口道到沟回形的多口道，谷的长度取决于相邻分枝之间的空间竞争；隔片大小交替排列，可辨认出明显的4轮或轮次不明显，其中约有一半的隔片属于第一轮，非常突出，有2～10个大的叶状或棘刺状突起，高轮次隔片上的齿突通常细且多；轴柱由小梁缠绕交织而成；珊瑚肋排列成平行脊状，上有尖齿。

生活时颜色多变，每个珊瑚杯的口盘、珊瑚杯壁及外壁的颜色不同。多生于上礁坡和潟湖。广泛分布于印度-太平洋海区。

214 石垣岛叶状珊瑚
Lobophyllia ishigakiensis Veron, 1990

群体呈团块状，通常为球形，直径多在 0.5 m 以上；珊瑚杯呈角状排列，直径可达 25 mm，在群体边缘珊瑚杯有时呈融合状排列；隔片排列稀疏均匀，大小不等，最短仅越过杯壁，相邻珊瑚杯的隔片底部多发生融合，但融合部位的上部有一明显的细沟，隔片边缘有几个大而明显的齿突。

生活时珊瑚杯被明显的肉质组织覆盖，颜色为均一的灰蓝色，或为棕色、灰色、绿色等颜色的混杂。多生于略受庇护的浅水珊瑚礁生境。分布于印度-太平洋海区，不常见但是较为显眼。

215 辐射合叶珊瑚
Lobophyllia radians (Milne Edwards & Haime, 1849)

群体多为半球形或扁平团块状，谷辐射状，直而连续，或近半球形，谷不规则弯曲，扁平群体上的谷则长直；谷宽 20～25 mm，脊塍上有槽；隔片无一定轮次，1 cm 中有 8～10 个隔片，主要隔片与次要隔片交替排列，主要隔片长而厚，边缘有 6～10 个齿，上部的齿为等腰三角形，下部的齿为半圆形，上下部的齿高度差不多，不明显突出，次要隔片则薄而短；轴柱疏松，由扭曲的隔片末端和少数小梁交织形成。

生活时颜色多变，为绿色、灰色或褐黄色，口道和杯壁颜色多不同。多生于上礁坡和岸礁。广泛分布于印度-太平洋海区。

216 直纹合叶珊瑚
Lobophyllia recta (Dana, 1846)

群体为半球状或低矮的圆顶状；珊瑚杯沟回形，谷连续而弯曲，并发生不规则的分叉，谷宽 12～15 mm；脊塍顶部钝圆，上有明显的槽；主要隔片与次要隔片交替排列，主要隔片厚，向谷中心逐渐变薄，上边缘有尖齿，高轮次隔片薄，齿少；轴柱小，由主要隔片的内缘交联形成，相邻轴柱间距几乎等大，约 1.6 cm。

生活时为褐色、绿色、灰色或杂色，口道和杯壁的颜色不同。多生于上礁坡和岸礁。广泛分布于印度-太平洋海区。

217 粗大叶状珊瑚
Lobophyllia robusta Yabe & Sugiyama, 1936

群体通常仅有少数珊瑚杯，但也可以形成大型半球状；珊瑚杯大，笙形，单口道或多口道；隔片最多可见 4 轮，第一轮尤其厚，上有高而膨大的齿突，第三、第四轮多发育不全，边缘也布满细齿；轴柱明显，由致密的小梁交织而成；水螅体肉质组织很厚，表面显得极为粗糙。

生活时为灰蓝色，通常谷底颜色较浅。生于各种珊瑚礁生境。广泛分布于印度和太平洋西部，不常见。

 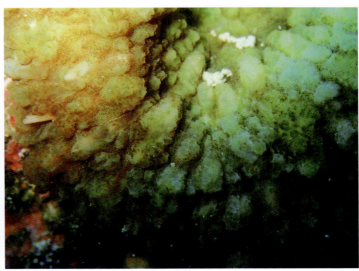

218 斐济叶状珊瑚
Lobophyllia vitiensis (Brüggemann, 1877)

生于亚热带时通常为单体珊瑚，直径通常在 6 cm 以下，在热带海区可以形成多中心群体，直径在 14 cm 以下，整体形态或扁平或凹陷或突出；珊瑚杯较浅，锥形下陷，隔片通常有 5 轮或 6 轮，逐渐变得薄而小，边缘的齿也随轮次而逐渐变小；轴柱大，海绵状。

生活时通常为深棕色或深绿色，肉质较薄。生于各种珊瑚礁生境。广泛分布于印度 - 太平洋海区，通常不常见。

小褶叶珊瑚属 *Micromussa* Veron, 2000

皮壳状或团块状，较扁平；珊瑚杯较小，直径通常在 8 mm 以下，多角形或亚融合形排列；隔片边缘多齿。

219 规则小褶叶珊瑚
Micromussa regularis (Veron, 2000)

群体为皮壳状或团块状，表面平坦；珊瑚杯圆形，直径 6 ~ 8 mm，大小和排列规则；隔片轮次不明显，隔片长和排列间距基本一致，少数隔片明显较薄，隔片边缘具有 8 ~ 10 个排列均匀的齿突，呈同心圆状排列；轴柱位于珊瑚杯底部，通常发育不良，肉质组织较薄，不能掩盖骨骼特征。

生活时多为棕色、黄色和棕绿色，通常杯壁和口盘颜色不同。多生于浅水珊瑚礁生境。分布于印度和太平洋西部，不常见。

尖孔珊瑚属 *Oxypora* Saville Kent, 1871

群体多为薄板状；珊瑚杯较浅，通常不倾斜，杯壁不发育；隔片-珊瑚肋少但明显，轴柱发育不良，在隔片-珊瑚肋起始部位通常有孔洞。

220 粗棘尖孔珊瑚
Oxypora crassispinosa Nemenzo, 1979

群体为平铺板状或叶装，水平或稍卷曲甚至直立，边缘部分游离且粗糙，有搭叠或卷曲的分叶，表面有时可见直立的粗棘状突起；珊瑚杯很小，间距大而不规则，旧珊瑚杯被粗大的叶突围绕，新生珊瑚杯周围则没有或仅为刺突；隔片约12个，均到达轴柱，隔片-珊瑚肋发育良好，有厚薄两种类型，厚的隔片-珊瑚肋边缘有几个明显的大叶突，叶突顶部布满小刺，薄的隔片-珊瑚肋边缘光滑或仅有细刺。

生活时为浅棕色、深棕色或绿色，叶片边缘白色。多生于受庇护的珊瑚礁生境，尤其是潟湖。广泛分布于印度-太平洋海区，不常见。

221 多刺尖孔珊瑚
Oxypora echinata (Saville Kent, 1871)

群体为平坦的薄板状或花瓶形，小型群体的中央有一个大而明显的中心珊瑚杯，次生珊瑚杯分布稀疏且不规则，珊瑚杯椭圆形，有时向边缘倾斜；隔片2～4轮，第一轮隔片加厚且突出，内缘有1个高耸的类似围栅瓣的刺突；珊瑚肋突出，高度和厚度不等，边缘或光滑或有稀疏的尖齿，珊瑚肋起始位置有深的孔洞；轴柱由小梁交织而成，或致密或稀疏；大型群体表面常发育有大的泡状鳞板，共骨呈疱疹状。

生活时为均一的棕色或绿色。多生于受庇护的生境，如下礁坡和垂直崖壁。广泛分布于印度-太平洋海区，偶见种。

222 撕裂尖孔珊瑚
Oxypora lacera (Verrill, 1864)

群体为皮壳状、叶状或薄板状，边缘部分游离，扁平但有时卷曲搭叠，在海浪强劲的生境可形成厚板状；珊瑚杯形态或清晰精细或加厚而杂乱不清，近椭圆形，多发生倾斜，大致按照同心圆排列；第一轮隔片仅由一个高的齿突组成，齿突上边缘锯齿状，下边缘也具有不规则的小齿且和轴柱相连；珊瑚肋厚而直，通常平行排列且和群体边缘垂直，边缘有高的齿突，隔片-珊瑚肋起始的位置骨骼有明显的孔洞。

生活时为浅棕色、深棕色或绿色，口盘绿色、灰白色或红色。多生于受庇护的浅水礁坡。广泛分布于印度-太平洋海区。

拟刺叶珊瑚属 *Paraechinophyllia* Arrigoni, Benzoni & Stolarski, 2019

群体多为皮壳板状；外触手芽生殖；珊瑚杯一般较突出，高度在 3 mm 左右；隔片最多 3 轮，相邻珊瑚杯的隔片-珊瑚肋多汇合，其上有刺突。

223 多变拟刺叶珊瑚

Paraechinophyllia variabilis Arrigoni, Benzoni & Stolarski, 2019

群体为皮壳板状，形状不规则，中间部分附生于基底，边缘有时游离；珊瑚杯大小和形态变化较大，群体中央的珊瑚杯分布拥挤，多为椭圆形，直径最大可达 1.8 cm，边缘位置珊瑚杯则稍稀疏；隔片-珊瑚肋基本等大，12～24 个，隔片上有粗大明显的齿突，齿突末端不规则，具有肉眼可见的分叉；轴柱大而明显，小梁形成的海绵状，位于珊瑚杯底部深处。

生活时多为深棕色、浅棕色，或棕色灰色杂色。多生于受庇护的浅水生境，如潟湖和礁坡缝隙处。分布于红海、亚丁湾、印度洋西南部和太平洋西部。本种珊瑚活体时形态变异大，且与尖孔珊瑚和刺叶珊瑚在外观形态上较为相似。

裸肋珊瑚科
Meruliniidae Verrill, 1865

　　裸肋珊瑚科是根据分子系统学的最新研究修订合并而新建立的科，原蜂巢珊瑚科 Faviidae 的多数种类均归入裸肋珊瑚科，Fukami 等（2008）的分子系统学研究表明蜂巢珊瑚科内不同属之间的亲缘关系较为复杂，为多重起源，而且一些其他科，如裸肋珊瑚科和梳状珊瑚科的珊瑚反而和蜂巢珊瑚科的亲缘关系更近；再者，最初由传统形态学分类而来的蜂巢珊瑚科珊瑚是印度 - 太平洋海区重要的功能类群，在系统发育分析时发现原有的蜂巢珊瑚属 Favia 可划分为两个类群，即大西洋类群和印度 - 太平洋类群，而原蜂巢珊瑚科的模式物种 Favia fragum 仅分布在大西洋，故在大西洋类群中保留 Favia 这个属名，将印度 - 太平洋类群原有的蜂巢珊瑚属类群新划为盘星珊瑚属 Dipsastraea。目前，蜂巢珊瑚科 Faviidae 和蜂巢珊瑚属 Favia 仍然保留，但仅局限于大西洋类群。

　　现裸肋珊瑚科共包括 24 个属，分别为圆星珊瑚属 Astrea、Australogyra、小笠原珊瑚属 Boninastrea、干星珊瑚属 Caulastraea、腔星珊瑚属 Coelastrea、刺星珊瑚属 Cyphastrea、盘星珊瑚属 Dipsastraea、刺孔珊瑚属 Echinopora、Erythrastrea、角蜂巢珊瑚属 Favites、菊花珊瑚属 Goniastrea、刺柄珊瑚属 Hydnophora、肠珊瑚属 Leptoria、裸肋珊瑚属 Merulina、斜花珊瑚属 Mycedium、Orbicella、耳纹珊瑚属 Oulophyllia、拟菊花珊瑚属 Paragoniastrea、拟圆菊珊瑚属 Paramontastraea、梳状珊瑚属 Pectinia、囊叶珊瑚属 Physophyllia、扁脑珊瑚属 Platygyra、葶叶珊瑚属 Scapophyllia、粗叶珊瑚属 Trachyphyllia。主要修订如下：芭萝珊瑚属并入盘星珊瑚属；原有的菊花珊瑚属 Goniastrea 修订拆分为腔星珊瑚属、菊花珊瑚属和拟菊花珊瑚属三个属；原有的梳状珊瑚属则拆分为梳状珊瑚属和囊叶珊瑚属；原属于印度 - 太平洋类群的圆菊珊瑚属 Montastraea 的物种被拆分到角蜂巢珊瑚属、圆星珊瑚属、拟圆菊珊瑚属，而圆菊珊瑚属的属名仅局限于大西洋类群；同时将拟棍棒珊瑚属 Paraclavarina 合并入裸肋珊瑚属（Huang et al., 2014a, 2014b）。

　　本科珊瑚均为群体造礁石珊瑚，包含的属的数目最多，而物种数则仅次于鹿角珊瑚科。生长型变化较大，主要有笙形、融合形、多角形及沟回形，不同属通常有其独特的生长型，如干星珊瑚属为笙形，蜂巢珊瑚属和刺星珊瑚属为融合形，角蜂巢珊瑚属、小星珊瑚属和菊花珊瑚属为多角形，而扁脑珊瑚属和耳纹珊瑚属为沟回形。

圆星珊瑚属 *Astrea* Lamarck, 1801

群体团块状；珊瑚杯规整，融合形排列；外触手芽生殖。

224 曲圆星珊瑚
Astrea curta Dana, 1846

群体团块状，半球形或扁平或柱状；珊瑚杯融合状，圆形，直径 2.5～7.5 mm，同一群体内珊瑚杯大小均一；新生珊瑚杯由外触手芽无性生殖形成；隔片 3 轮，长短交替排列，第一轮和第二轮隔片基本相同无法分辨，第三轮隔片很短，不和轴柱相连且不形成围栅瓣，隔片和珊瑚肋均有细刻齿，相邻珊瑚杯的珊瑚肋不相连。

生活时为奶油色或淡橘黄色。生于各种珊瑚礁生境，尤其是礁坪浅水区域。广泛分布于印度-太平洋海区，常见种。

干星珊瑚属 Caulastraea Dana, 1846

珊瑚杯笙形排列；隔片多而细；轴柱发育良好。

225 弯干星珊瑚
Caulastraea curvata Wijsman-Best, 1972

群体通常为小型分枝状群体；分枝有时排列紧密，但多为稀疏且匍匐的不规则分枝；珊瑚杯圆形到椭圆形，直径 5~8 mm，在群体边缘珊瑚杯多明显发生弯曲；隔片几乎等大，边缘有细齿；珊瑚肋发育良好，布满分枝表面，边缘因有细齿显得粗糙。

生活时为浅棕色。多生于扁平的沙质基底。分布于印度-太平洋海区，不常见。

226 叉枝干星珊瑚
Caulastraea furcata Dana, 1846

群体为由分枝形成的笙形，分枝多分叉，间距不规则，或紧凑或分散；多数珊瑚杯单口道，圆形到不规则卵圆形，多数直径小于 10 mm，珊瑚杯或浅或深达 6 mm；主要隔片突出，尤其明显，隔片边缘具有不规则齿突；主要隔片形成的辐射状珊瑚肋明显，尤其在上部边缘部分，但大小不一，其间有次要隔片形成的小齿状珊瑚肋；共骨发育良好，由扭曲薄片小梁组成。

生活时为棕色，口盘为浅灰色或绿色。生于潮间带或礁缘区。广泛分布于印度-太平洋海区。

227 短枝干星珊瑚
Caulastraea tumida Matthai, 1928

群体为粗而短的分枝形成的筳形；珊瑚杯圆形到不规则卵圆形，直径 10～12 mm，珊瑚杯壁厚 1.5～2 mm；单个珊瑚杯隔片 32～60 个，隔片稍突出，主要隔片突出尤为明显，且在杯壁位置加厚；隔片具有明显的齿突尤其是内缘的下半部分，珊瑚肋发育不良，较为光滑；共骨发育良好，小梁状。

生活时为奶油色、棕色或绿色。多生于浅水礁区的硬质基底。广泛分布于东印度洋和太平洋。

腔星珊瑚属 *Coelastrea* Verrill, 1866

群体板状或团块状；珊瑚杯多角形排列，外触手芽生殖；隔片 4 轮以上；轴柱为小梁海绵状，围栅瓣发育良好。

228 粗糙腔星珊瑚
Coelastrea aspera (Verrill, 1866)

群体团块状或扁平皮壳状；珊瑚杯多角形排列，呈较深的多边形，以五边形为主，珊瑚杯直径 7～10 mm，杯壁相对较薄，顶端尖；新生珊瑚杯由外触手芽无性生殖形成；隔片两轮，等大或大小交替排列，隔片稍突出，间距相等，排列规则，相邻珊瑚杯的隔片在杯壁上汇合，围栅瓣发育良好；轴柱小，海绵状。

生活时多为棕色，口盘有时呈灰色或绿色。生于各种珊瑚礁生境。广泛分布于印度 - 太平洋海区。

刺星珊瑚属 Cyphastrea Milne Edwards & Haime, 1848

群体生长型变化大，块状、皮壳状或分枝状；珊瑚杯融合状排列，直径小于 3 mm；珊瑚肋仅限于杯壁上；共骨多颗粒。

229 阿加西刺星珊瑚
Cyphastrea agassizi (Vaughan, 1907)

群体多为团块状，有时也呈亚团块状或皮壳状，群体表面或光滑平坦或有瘤突和深沟；珊瑚杯圆锥形或稍突出，分布拥挤程度中等，直径 2～4 mm；隔片 3 轮不等大，第一轮隔片突出，第三轮隔片很短；无围栅瓣发育，共骨无颗粒，较光滑，有时发育有不规则的沟槽 - 结节。

生活时为棕色、红色或奶油色。生于各种珊瑚礁生境。主要分布于太平洋中西部，和锯齿刺星珊瑚相比并不常见。

230 碓突刺星珊瑚
Cyphastrea chalcidicum (Forskål, 1775)

群体为皮壳状到团块状，有时趋于形成柱状；珊瑚杯圆锥形，稍拥挤，直径平均 2 mm，凸面上的珊瑚杯稍大；隔片两轮不等大，第一轮隔片较长，12 个且不等大，其中有 6 个稍大且突出，第二轮隔片很短；无围栅瓣发育，珊瑚肋两轮不等大，长短交替排列，轴柱小。

生活时为棕色、红色或奶油色。生于各种珊瑚礁生境。广泛分布于印度 - 太平洋海区，和锯齿刺星珊瑚相比并不常见。

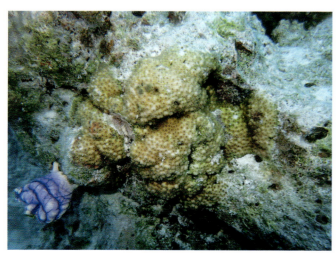

231 枝状刺星珊瑚
Cyphastrea decadia Moll & Best, 1984

群体分枝状，分枝具有类似于鹿角珊瑚的轴珊瑚杯和辐射珊瑚杯，生于上礁坡时分枝较为紧凑，而生于平静水域的软质基底时分枝较为分散；珊瑚杯圆形，直径1～2.5 mm；第一轮隔片10～12个，分枝末端珊瑚杯的珊瑚肋较明显。

生活时为棕色、灰色或奶油色。生于多种珊瑚礁生境，尤其是潟湖。主要分布于太平洋中西部，不常见。

232 日本刺星珊瑚
Cyphastrea japonica Yabi & Sugiyama, 1932

群体皮壳状或亚团块状，表面不规则起伏不平；珊瑚杯小且稍拥挤，直径1～2.5 mm；隔片两轮，共24个，大小不等，第一轮中常有6个厚且明显突出，但有时两轮隔片也等大以致难以辨别开，隔片边缘布满细颗粒；珊瑚肋两轮，共骨上颗粒明显。

生活时为奶油色、黄绿色或杂灰色，群体表面常生有藤壶寄生。多生于风浪强劲的浅水礁区。主要分布于太平洋西部，不常见。

233 小叶刺星珊瑚
Cyphastrea microphthalma (Lamarck, 1816)

群体通常皮壳状、团块状或亚团块状；珊瑚杯融合状到多角状，突出的圆锥状，直径 1～2 mm；两轮对称的隔片，多数成熟的珊瑚杯第一轮隔片 10 个，为该种珊瑚的识别特征，第一轮隔片稍突出，边缘布满不规则的复杂刺突，第二轮隔片短刺状；珊瑚肋等大，轴柱仅由几个扭曲的小梁组成。

生活时为奶油色、棕色或绿色，隔片呈白色。生于各种珊瑚礁生境。广泛分布于印度-太平洋海区。

234 锯齿刺星珊瑚
Cyphastrea serailia (Forskål, 1775)

群体团块状或亚团块状，有时也呈皮壳状，群体表面或光滑或起伏形成瘤突；珊瑚杯融合排列，圆形而且突出，直径 1.5～2.8 mm；隔片两轮，大小不等交替排列，各 12 个，第一轮基本等大，和轴柱相连，第二轮隔片很小，短刺状，隔片的边缘和两侧布满明显的颗粒；轴柱不明显，仅为简单的小梁。

生活时为灰色、棕色或奶油色。生于多种珊瑚礁生境。广泛分布于印度-太平洋海区。

盘星珊瑚属 *Dipsastraea* Blainville, 1830

群体团块状、扁平状或圆顶半球状；珊瑚杯单口道中心，融合形排列，稍突出，珊瑚杯之间有沟槽，杯壁明显；无性生殖方式为外触手芽。

235 和平盘星珊瑚
Dipsastraea amicorum (Milne Edwards & Haime, 1849)

群体为团块状或皮壳状；珊瑚杯融合状排列，突出呈圆管状，珊瑚杯间距不规则，直径 6～10 mm；隔片两轮，长短交替排列，边缘有细齿，珊瑚肋发育良好，排列规则，轴柱小而致密，围栅瓣不发育；无性出芽方式为外触手芽，触手仅在晚上伸展。

生活时为棕色、奶油色或淡绿色。多生于浅水珊瑚礁生境，尤其是不受风浪影响的礁后区。广泛分布于印度-太平洋海区，但不常见。

236 丹氏盘星珊瑚
Dipsastraea danai (Milne Edwards & Haime, 1857)

群体常呈小团块状；珊瑚杯短圆锥形，直径 10 ～ 15 mm，珊瑚壁厚；隔片 - 珊瑚肋厚且不规则，边缘布满均一的珠状细齿；轴柱明显，围栅瓣基本不发育。

生活时为棕色夹杂灰色或绿色，或均一的棕色。生于多种珊瑚礁生境。广泛分布于印度 - 太平洋海区，一般不常见。

237 似蜂巢盘星珊瑚
Dipsastraea faviaformis Veron, 2000

群体呈小型皮壳状或团块状，直径通常在 20 cm 以下，珊瑚杯数目较少；珊瑚杯融合状排列，直径在 8 ～ 15 mm，平均约 10 mm；隔片无一定轮次，长短不一，多数到达轴柱，最短仅超出杯壁 1 mm，隔片 - 珊瑚肋明显，其上布满齿突，齿突末端有小刺突装饰；轴柱较深，有时不明显，围栅瓣发育不良。

生活时为棕色夹杂绿色或灰色。多生于浅水珊瑚礁生境。分布于印度 - 太平洋海区，不常见。

238 黄癣盘星珊瑚
Dipsastraea favus (Forskål, 1775)

群体圆形或扁平的团块状；珊瑚杯融合形排列，多为圆锥形，但正在分裂出芽的珊瑚杯则不规则状，突出可达 5 mm，直径 12～20 mm；隔片基本等大等间距，轮次不明显，隔片边缘有长短不一、向内倾斜的齿，隔片底部通常不形成围栅瓣；珊瑚肋大小基本一致，边缘有排列规则的细齿，相邻珊瑚杯的珊瑚肋常对齐或稍错开。

生活时常为棕色夹杂灰色或绿色。生于各种珊瑚礁生境，尤其是礁后区。广泛分布于印度-太平洋海区，常见种。

239 向日葵盘星珊瑚
Dipsastraea helianthoides (Wells, 1954)

群体团块状或亚团块状；珊瑚杯圆锥形，形状基本相同，排列整齐，直径约 4 mm；无性生殖方式既有外触手芽也有内触手芽；隔片排列均匀，长短交替排列，隔片在珊瑚壁位置加厚，隔片边缘具有整齐的细齿，内缘突起围成整齐的围栅瓣；珊瑚肋较为规整，相邻珊瑚杯的珊瑚肋相连。

生活时为浅棕色、棕黄色或蓝灰色。多生于浅水珊瑚礁生境，尤其是礁后区。广泛分布于印度-太平洋海区。

240 蜥岛盘星珊瑚
Dipsastraea lizardensis (Veron, Pichon & Wijsman-Best, 1977)

群体为团块状，通常球形；珊瑚杯融合状，圆形或卵圆形，分布均匀，直径 10～13 mm；隔片薄，仅在杯壁位置加厚，无明显的排列轮次，隔片边缘有细而长的齿；围栅瓣发育不良，由到达轴柱的隔片底部突起所围成；珊瑚肋明显，大小排列均匀；轴柱由小梁缠绕形成；无性生殖为内触手芽。

生活时常为棕色，口盘部位为灰色或绿色，或为棕色夹杂灰色。多生于上礁坡。广泛分布于印度-太平洋海区。

241 海洋盘星珊瑚
Dipsastraea maritima (Nemenzo, 1971)

群体团块状，多呈半球形；珊瑚杯突出，融合状，形状为圆形、卵圆形或不规则，直径最大可达 20 mm；隔片精细，大小一致，数目较多，边缘有规则的细齿；围栅瓣不发育或不明显；无性生殖方式为内触手芽且等裂。

生活时常为深棕色或绿色，口盘部位有时颜色较浅。多生于礁坡。广泛分布于印度-太平洋海区。

242 马氏盘星珊瑚
Dipsastraea marshae Veron, 2000

群体通常呈圆顶状或皮壳板状；珊瑚杯较浅，圆形或稍呈多边形，排列整齐，直径15～20 mm，群体边缘的珊瑚杯常呈同心圆状排列；隔片较薄，排列紧密，长短不一，多数到达轴柱，最短仅超出杯壁1～2 mm，隔片下边缘约4个大齿突，上边缘的齿突明显较小；围栅瓣发育不良或无。

生活时为浅灰色。多生于浅水珊瑚礁生境。主要分布于西太平洋海区，不常见。

243 翘齿盘星珊瑚
Dipsastraea matthaii (Vaughan, 1918)

群体为圆形、皮壳状或扁平的团块状；珊瑚杯融合状，圆形或椭圆形，突起，直径9～15 mm；隔片厚且突出，在杯壁位置明显加厚，边缘有上翘的长齿因而显得粗糙；隔片3轮，长短大小不一，第一轮隔片和轴柱相连，内缘底部的齿突围成围栅瓣，隔片边缘细齿状，第一轮和第二轮隔片突出而成的珊瑚肋基本等大；轴柱由小梁交缠成海绵状。

生活时常为棕色、灰色或杂色，珊瑚杯壁和口盘部位的颜色明显不同。多生于上礁坡。广泛分布于印度-太平洋海区。

244 大盘星珊瑚
Dipsastraea maxima (Veron, Pichon & Wijsman-Best, 1977)

群体为团块状,多呈半球形,通常较小;珊瑚杯壁明显,发育良好突出,融合状,圆形、卵圆形或不规则形状,直径最大可达20 mm,平均12 mm;隔片大小一致,排列均匀,在杯壁位置明显加厚,内缘加厚形成皇冠状的围栅瓣,隔片边缘和两侧有规则的细齿。

生活时常为棕色或棕黄色杂以灰白色。多生于上礁坡。广泛分布于印度-太平洋海区,不常见。

245 圆纹盘星珊瑚
Dipsastraea pallida (Dana, 1846)

群体为圆形团块状;珊瑚杯圆形或不规则椭圆形,融合状排列,突出不超过2 mm,直径6~10 mm,浅水生境珊瑚杯排列紧密,深水生境则较为稀疏;隔片间距大,大小长短不一,内缘较陡,垂直伸至杯底,最多可达3轮,第一轮隔片通常厚且长,第二轮和第三轮短且薄,隔片边缘有规则的短齿;围栅瓣通常发育不良。

生活时为浅棕色或奶油色,口盘位置颜色较深或为绿色。生于多种珊瑚礁生境,在礁后区边缘常为优势种。广泛分布于印度-太平洋海区。

246 罗图马盘星珊瑚
Dipsastraea rotumana (Gardiner, 1899)

群体为团块状或皮壳块状；珊瑚杯排列方式为亚融合形或多角形，珊瑚杯大小、形状不规则，有时形成三口道的短谷，分布拥挤；隔片突出，大小不规则，显得粗糙，隔片内缘陡，垂直降至杯底；围栅瓣发育不良或无。

生活时颜色多变，黄褐色或黄棕色，口盘为灰褐色或灰绿色。生于多种珊瑚礁生境，尤其是浅水礁坡。广泛分布于印度-太平洋海区，不常见。

247 标准盘星珊瑚
Dipsastraea speciosa (Dana, 1846)

群体团块状、球形或皮壳状；珊瑚杯不规则多边形到近圆形，在浅水生境分布拥挤，而深水时珊瑚杯则较为分散，珊瑚杯之间有明显的槽；隔片细而密，排列规则大小不等，边缘有均匀的细齿；围栅瓣发育不良。

生活时为浅灰色、绿色或棕色，通常口盘颜色明显不同。生于各种珊瑚礁环境。广泛分布于印度-太平洋海区，在高纬度海区较为常见。

248 截顶盘星珊瑚
Dipsastraea truncata Veron, 2000

群体为扁平或半球形的团块状；珊瑚杯直径约 10 mm，侧面的珊瑚杯多发生倾斜，因此开口朝向侧下方；杯壁薄，上部较尖，发生倾斜的珊瑚杯的下杯壁通常浸埋而不突出，上杯壁因而呈罩状；隔片排列间距较大，长短不一，隔片底部的齿突围成冠状的围栅瓣。

生活时多为棕绿色或棕色。多生于浅水珊瑚礁生境。分布于印度-太平洋海区，在近赤道海区较常见。

249 美龙氏盘星珊瑚
Dipsastraea veroni (Moll & Best, 1984)

群体团块状；珊瑚杯融合状，分布紧凑，珊瑚杯形状、大小和朝向均不规则，珊瑚杯大，直径可达 25 mm，深达 10 mm；隔片和珊瑚肋边缘细齿状，隔片内缘较陡，几乎垂直降至杯底；轴柱由小梁交缠而成；围栅瓣不发育。

生活时颜色多变，常为棕黄色或红棕色，口盘多为灰色。多生于礁坪和礁坡。广泛分布于印度-太平洋海区。

刺孔珊瑚属 *Echinopora* Lamarck, 1816

生长型变化大；珊瑚杯融合形排列，大而突出；隔片突出，不规则；轴柱发达，珊瑚肋仅在杯壁上；共骨上多有颗粒或刺。

250 丑刺孔珊瑚
Echinopora horrida Dana, 1846

群体扭曲分枝状，基部有时为扁平板状，分枝间距和交联程度不规则，分枝直径最大可达 4 cm，可形成外径 5 m、高 1 m 的大型群体；珊瑚杯圆形，直径 4～5 mm，柱状或矮锥状，珊瑚杯壁厚；隔片 3 轮，第一轮隔片 6 个，和轴柱相连，在杯壁位置加厚且具有明显的长刺；珊瑚杯壁外和杯之间有发育良好的珊瑚肋，由间距不等的长刺花相连而成，刺花基部常膨大。

生活时为深棕色、奶油色、绿色或灰色。多生于浅水珊瑚礁，在受庇护的生境常形成单种优势类群。分布于印度洋东部和太平洋西部。

251 宝石刺孔珊瑚
Echinopora gemmacea (Lamarck, 1816)

群体为叶状、亚团块状或皮壳状，珊瑚杯在叶片两面均有分布，有时表面形成扭曲的分枝；珊瑚杯圆形或椭圆形，直径 3.5～5 mm，突出，群体边缘的珊瑚杯小且多发生倾斜；隔片 3 轮，第一轮隔片长，到达轴柱，杯壁处厚，向中心部位变薄，上部有明显上翘的叶瓣，第二轮和第三轮隔片短而薄；珊瑚肋发育良好，杯壁上和杯间均有，由大小和间距不等的颗粒刺花连成平行的线状，且常和边缘位置垂直排列；围栅瓣发育不良，轴柱大，海绵状；由于隔片和珊瑚肋上的颗粒刺花，群体表面非常粗糙，刺状。

生活时通常为灰色、奶油色、深棕色或黄绿色。多生于隐蔽的浅水礁区。广泛分布于印度-太平洋海区。

252 薄片刺孔珊瑚
Echinopora lamellosa (Esper, 1795)

群体为薄片状或叶状，边缘常发生不规则卷曲，或者层层水平或螺旋搭叠，偶尔卷成烟囱状或漏斗形；珊瑚杯圆形，矮锥状，直径 2.5～4 mm；隔片 3 轮，第一轮和第二轮和轴柱相连，第一轮厚而突出，第二轮发育良好，但相对较薄，第一轮和第二轮隔片底部加厚形成围栅瓣，第三轮发育不全，仅为 1/2 内半径；隔片、珊瑚肋边缘和共骨上均有相似的刺花，共骨上的刺花连成平行的线状。

生活时为浅棕色或深棕色，口盘部位常呈绿色，群体边缘色浅。多生于海流不强劲的浅水礁坪和礁坡，可形成优势种。广泛分布于印度-太平洋海区。

253 瘤突刺孔珊瑚
Echinopora mammiformis (Nemenzo, 1959)

群体通常由扁平的板状基底及其上生出的扭曲分枝构成，偶尔也呈亚团块状，可形成长径 5 m 的大型群体；珊瑚杯直径 7～10 mm，矮锥状，隔片和珊瑚肋光滑，无明显的刺花或珠状突起，因此缺乏刺孔珊瑚属的典型特征；珊瑚肋发育良好一直延伸至共骨，相邻珊瑚杯的珊瑚肋之间多被一细槽隔开，形成多边形区域，轴柱由扭曲的小梁交缠形成。

生活时为奶油色，珊瑚杯呈蓝紫色。多生于浅水生境，如潟湖和礁后区边缘。广泛分布于印度 - 太平洋海区。

254 太平洋刺孔珊瑚
Echinopora pacifica Veron, 1990

群体叶状或板状，通常中心部分皮壳而边缘薄片状，珊瑚杯仅在上表面分布；珊瑚杯融合状，圆锥状，直径 10 mm，群体边缘的珊瑚杯多向外倾斜；隔片-珊瑚肋两轮，仅有第一轮隔片发育良好，有突出的隔片齿；珊瑚肋延伸至杯间外鞘部分，上生有长刺花突起，相邻珊瑚杯间连成平行而精美的线状。

生活时常为绿色、黄色、灰棕色或绿色。多生于浅水珊瑚礁区。分布于印度洋东部和太平洋西部，通常不常见。

255 泰氏刺孔珊瑚
Echinopora taylorae (Veron, 2000)

群体为坚硬的厚板状或皮壳叶状；珊瑚杯明显，圆形浸埋，杯壁厚，直径 4~5 mm，群体边缘位置的珊瑚杯略向外倾斜，均匀分布，间距大；隔片共3轮，第一轮厚而突出，珊瑚肋精美，基本等大，上布满通常珠状的齿突。

生活时常为绿色、棕色或黄色，珊瑚杯颜色通常较深，呈暗红褐色。多生于浅水珊瑚礁区，也可见于潟湖。主要分布于太平洋西部，偶见种。

角蜂巢珊瑚属 *Favites* Link, 1807

群体块状、扁平状或圆拱形；珊瑚杯单口道中心，多角形排列，杯间无槽相隔；围栅瓣不发育。

256 秘密角蜂巢珊瑚
Favites abdita (Ellis & Solander, 1786)

群体团块状、圆球形、扁平状或小丘状；珊瑚杯多角形排列，通常近圆形而非多边形，大小不等，成熟珊瑚杯直径 7～12 mm；隔片中等突出，间距基本等大，厚度均一，边缘具有明显的细齿；围栅瓣不发育或发育不良，轴柱海绵状。

生活时多为浅棕色，口盘为绿色或棕色，而生于浑浊生境时颜色较深。生于多种珊瑚礁生境。广泛分布于印度-太平洋海区。

257 克里蒙氏角蜂巢珊瑚
Favites colemani (Veron, 2000)

群体亚团块状到皮壳状；珊瑚杯圆形到多边形，直径 5～8 mm，排列紧密，珊瑚杯之间发育有沟槽-结节，隔片两轮，长短交替排列，在杯壁位置明显加厚，隔片边缘布满齿突显得粗糙，第一轮隔片底部加厚形成围栅瓣。

生活时棕色杂以绿色，或绿色夹杂灰色和红棕色。生于各种珊瑚礁生境。广泛分布于印度-太平洋海区。

258 板叶角蜂巢珊瑚
Favites complanata (Ehrenberg, 1834)

群体团块状，表面多平滑；珊瑚杯多角状或亚融合状，形状稍呈多边形，直径 8～12 mm，杯壁较厚，顶端浑圆；隔片两轮，第一轮长且突出，和轴柱相连，边缘有 4～5 个明显的齿突，第二轮则很短，稍突出，相邻珊瑚杯交接位置的珊瑚肋多形成三叉星状结构；围栅瓣基本不发育，轴柱大而明显。

生活时多为棕色，口盘浅灰色或绿色。生于各种珊瑚礁生境。广泛分布于印度-太平洋海区。

259 多弯角蜂巢珊瑚
Favites flexuosa (Dana, 1846)

群体呈半球形或扁平皮壳状；珊瑚杯较深，多边形，直径最大可达 15 mm；隔片大小较均匀，仅有少数未到达轴柱，隔片边缘具有大而明显的齿突；围栅瓣通常不发育，轴柱为稀疏交织的小梁。

生活时多为深棕色或棕绿色，通常杯壁和口盘颜色明显不同。生于多种珊瑚礁环生境。广泛分布于印度-太平洋海区，有时常见。

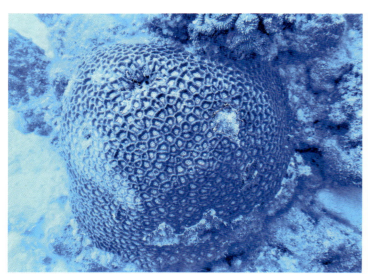 

260 海孔角蜂巢珊瑚
Favites halicora (Ehrenberg, 1834)

群体皮壳状或亚团块状，表面常有丘状突起；珊瑚杯多角形排列，直径约 1 cm，第一轮隔片等大，第二轮稍短且和第一轮长短交替排列；隔片边缘具有规则的细齿，隔片最内缘的齿稍微加厚变大形成围栅瓣，轴柱海绵状。

生活时为均一的浅棕色或黄绿色。多生于浅水礁区。广泛分布于印度-太平洋海区，一般不常见。

261 大角蜂巢珊瑚
Favites magnistellata (Milne Edwards & Haime, 1849)

群体团块状、扁平状或半球形，有时也为皮壳状；珊瑚杯圆形，较浅，大小不一，直径 7～15 mm；隔片排列紧凑，两轮交替排列，第一轮隔片几乎全和轴柱相连，底部稍加厚，围栅瓣发育不良，隔片边缘布满大而明显的颗粒状齿突，齿突呈同心圆排列，第二轮隔片很短，生活时由于组织遮盖不可见。

生活时多为蓝灰色或浅棕色。生于各种珊瑚礁生境，尤其是受庇护的礁坡。广泛分布于印度-太平洋海区。

262 五边角蜂巢珊瑚
Favites pentagona (Esper, 1790)

群体皮壳状、亚团块状或团块状，表面有时形成不规则柱状，可形成直径达 1 m 的大型群体；珊瑚杯多角形，直径约 6 mm，杯壁较薄；隔片 3 轮，前两轮长短交替排列，第三轮发育不全，相邻隔片在杯壁上相连；隔片边缘有细齿，最内缘有齿突状的围栅瓣，围成明显的皇冠状，轴柱为松散的海绵状。

生活时颜色多变，通常为棕色或红色，口盘为绿色。多生于浅水礁区。广泛分布于印度 - 太平洋海区。

263 圆形角蜂巢珊瑚
Favites rotundata Veron, Pichon & Wijsman-Best, 1977

群体团块状、圆顶形或扁平形；珊瑚杯排列方式为亚融合形或融合 - 多角形，珊瑚杯多边形到圆形，杯壁厚，直径最大可达 20 mm；珊瑚水螅体多肉状，有时遮盖了下面的骨骼结构，因此珊瑚杯间的沟槽细且不明显。

生活时为灰色、浅棕色或黄色，珊瑚杯边缘位置的颜色通常明显不同。多生于礁坡和潟湖。广泛分布于印度 - 太平洋海区。

264 齿状角蜂巢珊瑚
Favites stylifera Yabe & Sugiyama, 1937

群体皮壳状到亚团块状；珊瑚杯形状不规则，直径 3～6 mm；隔片较少，其中有多个隔片在杯壁处汇合，加厚突出形成扭曲的齿突，隔片边缘具有不规则的齿，围栅瓣基本不发育。

生活时多为浅棕色，口盘有时也呈绿色。多生于上礁坡。分布于印度洋东部和太平洋西部，不常见或偶见种。

265 华伦角蜂巢珊瑚
Favites valenciennesii (Milne Edwards & Haime, 1948)

群体亚团块状或皮壳状；珊瑚杯近圆形到多边形，通常为六边形，直径 8～15 mm，沟槽-结节发育良好；隔片 3～4 轮，长短交替排列，第一轮隔片厚且长，尤为明显，第一轮隔片底部的突起加厚围成王冠状的围栅瓣，第二轮隔片有时也和轴柱相连但不形成围栅瓣，第三轮隔片更短，稍伸出。

生活时多为黄绿色、棕色或白色，口盘为深绿色。生于多种珊瑚礁生境，尤其是风浪强劲的生境。广泛分布于印度-太平洋海区，不常见。

266 巨型角蜂巢珊瑚
Favites vasta (Klunzinger, 1879)

群体团块状，有时可形成直径达 1 m 的大型群体；珊瑚杯较深，多边形，杯壁非常厚，直径 10～15 mm；隔片大小和排列十分均匀，不突出，边缘具有细密的小齿，相邻隔片在杯壁上稍错开排列；围栅瓣有时有发育，轴柱为稀疏交织的小梁。

生活时杯壁通常为琥珀色或浅棕色，口盘为奶油色或灰白色。生于各种珊瑚礁生境。广泛分布于印度-太平洋海区，不常见。

菊花珊瑚属 *Goniastrea* Milne Edwards & Haime, 1848

群体团块状或皮壳状；珊瑚杯多角形或亚沟回形排列；隔片齿细而规则；围栅瓣发育良好。

267 埃氏菊花珊瑚
Goniastrea edwardsi Chevalier, 1971

群体团块状，多趋向形成球形或柱形；珊瑚杯多角状排列，近似多边形，直径 2.5～7 mm，杯壁厚，顶部钝圆；隔片 3 轮，第一轮稍突出，边缘有规则的细齿，几乎垂直伸至杯底，内缘底部加厚形成很大的围栅瓣，第二轮和第三轮隔片不易分辨开，其中第二轮隔片长约为第一轮的一半，第三轮隔片更短，第二轮和第三轮隔片均不突出，且不形成围栅瓣。

生活时为浅棕色或深棕色。多生于低潮线下的浅水区域。广泛分布于印度-太平洋海区，较常见。

268 似蜂巢菊花珊瑚
Goniastrea favulus (Dana, 1846)

群体团块状；珊瑚杯多数为亚沟回形，少数呈多角形，珊瑚杯壁薄而尖；隔片两轮，第一轮较长，稍突出，底部末端加厚形成发育良好的围栅瓣，第二轮隔片短且不突出，隔片边缘和围栅瓣内缘有细齿；轴柱小，多口道的短谷中轴柱相连。

生活时为棕色或暗绿色。生于各种珊瑚礁生境。广泛分布于印度-太平洋海区。

269 小粒菊花珊瑚
Goniastrea minuta Veron, 2000

群体通常皮壳状，逐步发展为亚团块状或团块状；珊瑚杯融合状，多角形，直径在 3 mm 以下，大小形状较为均匀，杯壁通常比较薄；隔片可见 3 轮，长短交替排列，第一轮隔片到达轴柱，内缘底部加厚突出形成围栅瓣，围成明显整齐的皇冠状。

生活时为淡棕色或棕绿色。多生于浅水珊瑚礁区。广泛分布于印度-太平洋海区，较常见。

270 梳状菊花珊瑚
Goniastrea pectinata (Ehrenberg, 1834)

群体亚团块状或皮壳状，群体表面多起伏不平；珊瑚杯不规则多边形或亚沟回形，长约 10 mm，单口道到三口道；多数情况下珊瑚杯隔片为可分辨的两轮，第一轮稍突出，边缘具有细齿，底部加厚围绕轴柱形成明显的冠状围栅瓣，有时第二轮隔片几乎不发育；相邻珊瑚杯的隔片在杯壁顶端交错排列，珊瑚杯壁较厚，但厚度不均匀。

生活时多为浅棕色、粉红色或深棕色，围栅瓣优势呈鲜明的荧光黄色。多生于浅水珊瑚礁生境。广泛分布于印度 - 太平洋海区，常见。

271 网状菊花珊瑚
Goniastrea retiformis (Lamarck, 1816)

群体团块状、扁平状、球形或柱状；珊瑚杯多角形，排列整齐，多为四边形到六边形，大小和形状均一，直径 3～5 mm；隔片比较薄，3 轮，长短交替排列，第一轮稍突出，近乎垂直伸入杯底，末端加厚形成王冠状的围栅瓣，第二轮可能和第一轮等长或稍短，但不形成围栅瓣；相邻珊瑚杯的隔片稍错开排列，杯壁顶端较尖。

生活时多为奶油色或棕色。生于各种珊瑚礁生境。广泛分布于印度 - 太平洋海区，较常见。

272 带刺菊花珊瑚
Goniastrea stelligera (Dana, 1846)

群体团块状或亚团块状，可形成球形、柱形、不规则山丘状或扁平状；珊瑚杯融合状，矮锥形，直径 2.5～3.5 mm，杯壁厚且开口相对较小；隔片 3 轮，第一轮隔片不等大，到达轴柱的隔片底部有加厚突出的围栅瓣，围成整齐明显的冠状；珊瑚肋发育良好，等大均匀，相邻珊瑚杯的珊瑚肋不相连；生殖方式主要为外触手芽。

生活时为棕色或绿色。多生于浅水礁区，尤其是海浪强劲的环境。广泛分布于印度 - 太平洋海区，较常见。

刺柄珊瑚属 *Hydnophora* Fischer von Waldheim, 1807

群体块状、皮壳状或树枝状；群体表面有圆锥形小丘（monticule/conical colline）。

273 腐蚀刺柄珊瑚
Hydnophora exesa (Pallas, 1766)

群体通常亚团块状、皮壳状或亚分枝状，同一群体内可以是上述类型的混合体，但也有群体仅为皮壳状；群体表面密集分布着直径 5～8 mm 的小丘，高可达 8 mm，小丘形状变化大，圆锥状或不规则的扁长形，有时小丘甚至融合形成脊塍；隔片数目不等，排列也没有一定轮次规律；白天和晚上触手均伸出，触手长一致，绒毛状。

生活时为奶油色或暗绿色。生于各种珊瑚礁环境，尤其是潟湖和受庇护的礁坡。广泛分布于印度 - 太平洋海区。

274 大刺柄珊瑚

Hydnophora grandis Gardiner, 1904

群体分枝状，常无扁平基底，仅由不规则的分枝互相交联而成，分枝直径 10～15 mm，分枝截面呈圆形；分枝表面的小丘不规则单独分布，通常不发生融合，大而扁，截面圆形或长椭圆形，分枝末端的小丘向外侧倾斜。

生活时为奶油色、绿色或黄色。多生于浅水珊瑚礁区。广泛分布于印度-太平洋海区。

275 小角刺柄珊瑚

Hydnophora microconos (Lamarck, 1816)

群体团块状，群体表面浑圆或起伏不平；群体表面小丘高度相等，相距一致，小丘为圆锥形或末端截平的圆柱状或扁长形，直径 2～3 mm，小丘之间的谷较窄，宽约等于小丘直径；小丘上顶端有主要隔片 6～10 个，辐射平行排列，从顶部看似星形，隔片长三角形，边缘有齿，两侧有颗粒；隔片基部和轴柱相连，轴柱为不连续、不规则板状。

生活时为奶油色、棕色或绿色。生于各种珊瑚礁生境，尤其是潟湖和受庇护的礁坡。广泛分布于印度-太平洋海区。

276 硬刺柄珊瑚
Hydnophora rigida (Dana, 1846)

群体分枝状，皮壳状基底或有或无；分枝拥挤，细而长，形状不规则，有扁平、扇形、翅状或二分叉等形状，分枝直径 6～12 mm；小丘不规则扁长形，沿着分枝排成不规则的纵列，分枝基部和中部的小丘明显，而末端部位的小丘常发生融合形成尖的脊膜，脊膜之间的谷呈长直线状或不连续、排列不规则。

生活时为奶油色、绿色或褐色。多生于浅水礁区，尤其是潟湖和礁坡隐蔽处。广泛分布于印度-太平洋海区，有时常见且可以形成大丛的单种优势类群。

肠珊瑚属 *Leptoria* Milne Edwards & Haime, 1848

群体团块状或皮壳状；谷弯曲而连续，谷宽和深几乎相等；脊膜矮而坚固，轴柱由连续或间断的薄片组成。

277 不规则肠珊瑚
Leptoria irregularis Veron, 1990

群体为亚团块状或薄板状，谷宽 3～4 mm，群体边缘的谷常平行排列且和边缘垂直，中央部分的谷则弯曲连续；隔片不规则，边缘有不规则且较大的齿突；轴柱无中心且非薄片状。

生活时为浅蓝灰色或浅棕色。多生于上礁坡。分布于印度-太平洋海区，不常见。

278 弗利吉亚肠珊瑚
Leptoria phrygia (Ellis & Solander, 1786)

群体通常团块状、亚团块状或山脊状，表面有起伏的不规则丘状突起；珊瑚杯沟回形，谷的长短不一，谷宽小于不规则肠珊瑚，群体表面突起处的谷多发生弯曲，其他位置的谷则较直；隔片大小均匀，间距一致，排列整齐，相邻谷的隔片多相连，隔片边缘细齿状；轴柱板片状，上部边缘形成间断的分叶。

生活时为奶油色、棕色或绿色。生于多种珊瑚礁生境，尤其是海浪强劲的礁坪和礁坡。广泛分布于印度-太平洋海区。

裸肋珊瑚属 *Merulina* Ehrenberg, 1834

群体平展板状，薄，常有矮丘状或不规则分枝；谷长而直，稍弯曲，多分叉；隔片边缘有粗齿。

279 阔裸肋珊瑚
Merulina ampliata (Ellis & Solander, 1786)

群体为皮壳状或水平板状，大型群体常层层搭叠，直径达数米；群体中央部分有许多丘状突起，常发展成短而钝圆的分枝，分枝末端多形成小分枝，并于临近分枝交缠，也有群体仅有板状组成；板状部位上的谷直，长短不一，由群体中央呈扇形辐射伸出，并与边缘垂直，垂直分枝上的谷较扭曲；每个谷中有 1～10 个中心，中心之间的间距 3～7 mm；隔片两轮，交替排列，第一轮突出程度相当，相邻谷的隔片在杯壁融合相连。

生活时颜色多变，常为棕色、奶油色、蓝色或绿色。生于多种珊瑚礁环境，尤其是下礁坡和潟湖。广泛分布于印度-太平洋海区。

280 粗裸肋珊瑚
Merulina scabricula Dana, 1846

群体薄板状、皮壳状或亚分枝状，表面有短而阔的分枝，常彼此发生融合，顶端为二分叉扇形；谷短而直，由中央部位伸出呈扇形向外辐射，并和边缘垂直，分枝上的谷则常发生扭曲；隔片不规则，稍突出，主要隔片和次要隔片交替排列，隔片边缘有齿，两侧有颗粒，相邻谷的隔片在杯壁顶端相连。

生活时多为粉红色或浅棕色。生于多种珊瑚礁生境，尤其是潟湖和上礁坡。广泛分布于印度 - 太平洋海区。

斜花珊瑚属 *Mycedium* Milne Edwards & Haime, 1851

群体板状；珊瑚杯突出且向边缘倾斜，因此一侧的杯壁几乎不发育珊瑚杯呈鼻形；隔片 - 珊瑚肋发育良好，上有精细的装饰。

281 象鼻斜花珊瑚
Mycedium elephantotus (Pallas, 1766)

群体为板状或皮壳状；珊瑚杯直径可达 1.5 cm，鼻形，向群体边缘倾斜；隔片 3 轮，第一轮不规则突出，第三轮细而短，不形成珊瑚肋；珊瑚肋发育良好，呈肋纹状排列，不同群体隔片 - 珊瑚肋长短变化很大，珊瑚肋在杯壁位置可以特化形成复杂明显的突起，珊瑚肋起始位置没有明显的深窝。

生活时为棕色、绿色、灰色或粉红色，口盘多为绿色、灰色或红色。多生于受庇护的珊瑚礁生境。广泛分布于印度 - 太平洋海区，常见。

282 曲边斜花珊瑚

Mycedium mancaoi Nemenzo, 1979

群体由扭曲且多裂的板状搭叠而成，珊瑚杯仅在上表面分布，群体边缘弯曲波浪形；珊瑚杯直径 6～10 mm，通常向群体边缘倾斜；隔片-珊瑚肋发育良好，排列紧凑，通常有 2～3 轮，边缘装饰有小刺。

生活时为棕黄色或暗褐色，边缘颜色浅。多生于浅水受庇护的生境。分布于印度-太平洋海区，但不常见。

耳纹珊瑚属 *Oulophyllia* Milne Edwards & Haime, 1848

群体团块状；珊瑚杯沟回形，单口道中心或多口道中心；谷宽可达 2 cm，边缘多齿，围栅瓣多发育。

283 贝氏耳纹珊瑚

Oulophyllia bennettae (Veron, Pichon & Wijsman-Best, 1977)

群体团块状或皮壳状；珊瑚杯多边形，直径平均 10 mm，一些珊瑚杯偶尔延长成沟回形，有 2～3 个口道；隔片两轮，第二轮常不可见，第一轮明显而突出，间距大，边缘锯齿状，有大而圆的齿突，底部多形成围栅瓣，相邻珊瑚杯的隔片在杯壁位置融合并明显向上突出。

生活时多为均一的颜色，灰色或棕色，口盘有时呈灰绿色。生于多种珊瑚礁生境，尤其是上礁坡。广泛分布于印度-太平洋海区，不常见，但是水下较为显眼且容易辨认。

284 卷曲耳纹珊瑚
Oulophyllia crispa (Lamarck, 1816)

群体团块状，呈半球形或厚板状，单个群体直径可超过 1 m；珊瑚杯沟回形，其中常有多个口道，谷相对较短，呈 "V" 形，宽可达 20 mm；隔片薄，两至三轮，排列规整紧凑，隔片边缘有细齿，底部有时形成围栅瓣；珊瑚杯壁厚度不一，轴柱发育不良。

生活时为灰色、奶油色或棕色。生于多种珊瑚礁生境，尤其是潟湖。广泛分布于印度-太平洋海区，虽不常见，却是水下最容易识别的珊瑚之一。

285 平滑耳纹珊瑚
Oulophyllia levis (Nemenzo, 1959)

群体厚板状或半球形；珊瑚杯沟回形，其中有多个口道；群体的谷多和群体边缘垂直，而中央部分的谷则成弯曲蜿蜓状，谷相对较短，呈"V"形，宽可达 20 mm，顶端较尖；隔片大小和排列整齐规则，轴柱不发育或发育不良。

生活时为棕绿色或棕黄色，谷底颜色通常和杯壁明显不同。生于多种珊瑚礁生境。分布于印度-太平洋海区，但不常见。

拟菊花珊瑚属 *Paragoniastrea* Huang, Benzoni & Budd, 2014

群体板状或团块状；珊瑚杯多边形或近圆形，多角形或近融合形排列；隔片边缘有细齿，围栅瓣发育良好；无性生殖方式为外触手芽或内触手芽。

286 罗素拟菊花珊瑚
Paragoniastrea russelli (Wells, 1954)

群体板状、亚团块状或皮壳状，表面相对扁平或扭曲起伏；珊瑚杯稍突出，圆形或卵圆形，相邻珊瑚杯间隔 1.0～2.5 mm，珊瑚杯直径 5～10 mm，杯壁一般较厚；隔片总数约 24 个，隔片边缘有明显的粗糙齿突，第一轮尤其厚且突出，内缘垂直伸至杯底后形成围栅瓣，围栅瓣和隔片底部之间有一明显的缺刻；轴柱小而致密，海绵状。

生活时为绿色、棕色或杂色。生于多种珊瑚礁生境。广泛分布于印度-太平洋海区，不常见。

拟圆菊珊瑚属 *Paramontastraea* Huang & Budd, 2014

群体团块状；珊瑚杯和隔片形态较为均一，围栅瓣发育良好；共骨上有细刺突；无性生殖方式为外触手芽。

287 粗糙拟圆菊珊瑚
Paramontastraea salebrosa (Nemenzo, 1959)

群体团块状，多为球形；珊瑚杯圆形，稍突出，直径 3～4 mm，排列紧凑且杂乱，朝向不同，珊瑚杯壁厚；隔片规整分布，大小交替排列，隔片和珊瑚肋边缘布满珠状细齿；围栅瓣明显，由隔片底部的刺突加厚围成王冠状。

生活时多为褐色、淡蓝色或奶油色。多生于浅水珊瑚礁生境，尤其礁坪和潟湖。分布于印度洋东部和太平洋西部，偶见种。

梳状珊瑚属 *Pectinia* Blainville, 1825

群体薄板状、叶片状到亚树木状，其上布满高而尖的不规则脊塍，谷短而宽；珊瑚杯分布不规则。

288 叉角梳状珊瑚
Pectinia alcicornis (Saville Kent, 1871)

群体为不规则丛状，由具凹槽纹的扁平薄板形成，其上的珊瑚肋突出向上伸展形成许多尖顶和短壁，尖顶高而长，通常可占据整个群体表面；珊瑚肋上布满明显的细齿，轴柱发育良好。

生活时为绿色、棕色或黄色。多生于浑浊的生境，尤其是平坦的软质基底之上。广泛分布于印度-太平洋海区，但不常见。

289 莴苣梳状珊瑚
Pectinia lactuca (Pallas, 1766)

群体为花瓣丛叶片状，常形成直径 1 m 的大群体；谷弯曲而连续，辐射状，可从群体中心一直延伸至边缘，谷宽可达 5 cm，深 2～4.5 cm；脊膜薄，垂直，高度几乎相等，上边缘缺刻状因此显得粗糙；隔片由脊膜部位一直延伸至谷底，隔片宽 3 mm，相隔 2～4 mm，隔片光滑或少数隔片上有不规则的齿；谷底的珊瑚杯无明显的位置，轴柱发育不良。

生活时为棕色、灰色或绿色。生于各种珊瑚礁生境，尤其是下礁坡和浑浊的生境。广泛分布于印度-太平洋海区。

290 牡丹梳状珊瑚
Pectinia paeonia (Dana, 1846)

群体为不规则的薄板形成的小丛状，不形成延伸弯曲的谷；薄板边缘有明显的凹槽，此外表面还有直立突出形成的尖顶状脊膜；珊瑚杯位于脊膜之间；隔片边缘多光滑，有时也有小齿，轴柱多发育不良。

生活时为棕色、灰色或绿色。多生于水体浑浊的生境或礁坡的缝隙。广泛分布于印度-太平洋海区，常见。

囊叶珊瑚属 *Physophyllia* Duncan, 1884

群体为延展的薄板状或叶状，基部有柄；珊瑚杯浅，间距大；隔片大而突出，隔片-珊瑚肋厚度不等，整体形态类似梳状珊瑚；共骨上有明显的脊突，内部充满囊泡状的内鞘。

291 艾氏囊叶珊瑚
Physophyllia ayleni (Wells, 1934)

群体为皮壳状或搭叠的薄板状；共骨表面仅有高度不等的辐射状脊突，向群体边缘辐射伸出；珊瑚杯间距较大，由脊突隔开，脊突内布满泡囊状的内鞘。

生活时为棕绿色。多生于藻类较多的礁石表面。分布于印度-太平洋海区，不常见。

扁脑珊瑚属 *Platygyra* Ehrenberg, 1834

群体呈扁平或拱形的块状；珊瑚杯沟回形排列，脊塍薄，尖而有孔，谷长短变化较大；无围栅瓣，轴柱为连续的缠结小梁组成，无中心。

292 交替扁脑珊瑚
Platygyra crosslandi (Matthai, 1928)

群体为团块状，有时也形成厚板状；谷较短，稍弯曲，长一般不超过1 cm；珊瑚杯壁厚，顶部钝圆，上无缺刻或裂缝；隔片突出程度相当，上具有不规则的齿突，显得粗糙；轴柱一般发育良好，由松散的小梁交织而成。

生活时为棕色、土黄色或棕绿色，口盘颜色多为灰白色或绿色。生于多种珊瑚礁生境。分布于印度-太平洋海区，常见。

293 精巧扁脑珊瑚
Platygyra daedalea (Ellis & Solander, 1786)

群体为圆形或扁平的团块状，有时皮壳状；多数谷长且曲折迂回，偶尔也有短谷；珊瑚杯壁薄且上有缺刻或裂缝；隔片较为突出，因末端有不规则尖齿因而显得粗糙；轴柱发育不良，中心不明显。

生活时颜色多变，常为亮色，如杯壁棕色而谷为灰色或绿色。生于多种珊瑚礁生境，尤其是礁后区。广泛分布于印度-太平洋海区。

294 片扁脑珊瑚
Platygyra lamellina (Ehrenberg, 1834)

群体为团块状，多为圆形或扁平，表面有时也形成结节状的小丘；谷弯曲迂回且延长，凹面上的谷则相对较短；珊瑚杯壁通常很厚，为谷宽的 1～1.5 倍；隔片大小、间距及排列整齐，轮次不明显，隔片稍突出且在杯壁顶部相连。

生活时颜色多样，常为均一的棕色，或棕色杯壁杂以绿色或灰色的谷。生于多种珊瑚礁生境，尤其是礁坡或礁后区。广泛分布于印度-太平洋海区。

295 小扁脑珊瑚
Platygyra pini Chevalier, 1975

群体为圆形或扁平的团块状，有时也呈皮壳状；珊瑚杯弯曲形成短谷，通常只有 1～2 个中心，杯壁较厚，但变化较大；隔片有时也加厚，隔片边缘有细齿，隔片齿有时形成水平的小板；轴柱通常发育良好，围栅瓣有时发育。

生活时为棕灰色、灰绿色或棕黄色，谷为奶油色或灰色。多生于浅水礁区。广泛分布于印度-太平洋海区，不常见。

296 琉球扁脑珊瑚
Platygyra ryukyuensis Yabe & Sugiyama, 1936

群体为团块状；珊瑚杯弯曲沟回状，通常为短谷，有时甚至单中心；谷很窄，宽 3～4.5 mm，杯壁很薄；隔片-珊瑚肋大小不规则，边缘有不规则的齿突；围栅瓣不发育，轴柱明显。

生活时为深棕色、灰色或绿色，通常杯壁和谷的颜色明显不同。多生于浅水珊瑚礁区。分布于印度-太平洋海区，不常见。

297 中华扁脑珊瑚
Platygyra sinensis (Milne Edwards & Haime, 1849)

群体为团块状或球状，偶尔也呈扁平状；珊瑚杯沟回形，通常形成迂回弯曲平行排列的长谷，也有单口道的短谷，杯壁薄，顶端尖；隔片薄而稍突出，间距等大，边缘具有细齿；轴柱发育不良，主要由小梁交缠而成，长谷的中心不明显。

生活时颜色多样，常为黄色或棕色。生于多种珊瑚礁生境，尤其是礁后区。广泛分布于印度-太平洋海区。

298 小业扁脑珊瑚
Platygyra verweyi (Wijsman-Best, 1976)

群体团块状；珊瑚杯多角形到亚沟回形，珊瑚杯壁通常薄而尖；隔片也薄且间距基本一致；轴柱不发育。

生活时为均一的棕色或灰色，有时杯壁和谷的颜色则明显不同。多生于礁坪和上礁坡。广泛分布于印度-太平洋海区，不常见。

299 八重山扁脑珊瑚
Platygyra yaeyamaensis (Eguchi & Shirai, 1977)

群体呈皮壳状或亚团块状；多数珊瑚杯为单口道中心，尤其是群体中央部位；隔片突出，上有不规则小齿因而显得尤为粗糙；轴柱中心不明显。

生活时为棕色或奶油色，谷为绿色或奶油色。生于各种珊瑚礁生境。主要分布于印度洋东部和太平洋西部。

葶叶珊瑚属 *Scapophyllia* Milne Edwards & Haime, 1848

单种属，群体块-柱状，整体形态类似裸肋珊瑚属种类。

300 葶叶珊瑚
Scapophyllia cylindrica Milne Edwards & Haime, 1849

群体基部皮壳块状，表面生有众多的圆柱状分枝；分枝上的脊塍连续弯曲，皮壳部分的脊塍近于平行排列并和边缘垂直分布，凸面位置的脊塍厚于凹面位置的脊塍；脊塍之间的谷弯曲而连续，宽 2～4 mm，深 3 mm，主要隔片和次要隔片交替排列，主要隔片突出程度相当，但大小不一，相连谷的隔片在杯壁位置不相连；隔片在谷底位置明显加厚，轴柱仅由少数几个隔片齿突组成。

生活时为奶油色或棕黄色。多生于水体稍微浑浊的生境，如岸礁、礁坡和潟湖。主要分布于印度洋东部和太平洋西部，不常见。

同星珊瑚科
Plesiastreidae Dai & Horng, 2009

同星珊瑚科是基于 Fukami 等（2008）的分子系统学研究而新建立的科，最初定义的同星珊瑚科包括来自原蜂巢珊瑚科的同星珊瑚属 *Plesiastrea*，来自真叶珊瑚科的泡囊珊瑚属 *Plerogyra* 和鳞泡珊瑚属 *Physogyra*，以及褶叶珊瑚科的胚褶叶珊瑚属 *Blastomussa*。随后的研究发现胚褶叶珊瑚属、泡囊珊瑚属和鳞泡珊瑚属尚无法确定分类地位暂时放置在未定科（incertae sedis）中，现同星珊瑚科仅包括同星珊瑚属，且为本科的模式属。

同星珊瑚属 *Plesiastrea* Milne Edwards & Haime, 1848

珊瑚杯亚多角形到融合形排列，圆形；围栅瓣发育良好；外触手芽生殖。

301 多孔同星珊瑚
Plesiastrea versipora (Lamarck, 1816)

群体为浑圆的团块状、扁平皮壳状或叶状；珊瑚杯圆形或椭圆形，近多角状或融合状，直径2～4 mm，稍突出，排列紧密，相邻珊瑚杯之间有细沟槽相隔；隔片三轮，前两轮大小相似不易分辨，第三轮则较短；隔片内缘底部有厚片状或棒状突起，围绕轴柱形成整齐的围栅瓣，隔片和围栅瓣上有许多小颗粒；珊瑚肋突出明显，边缘齿状；轴柱小，由海绵状小梁组成；触手较短，有两种大小，交替排列，白天有时也伸出。

生活时为奶油色、棕色或绿色。生于多种珊瑚礁生境，尤其是深水礁坡或较为遮蔽的生境。广泛分布于印度-太平洋海区。

杯形珊瑚科
Pocilloporidae Gary, 1842

  杯形珊瑚科是印度-太平洋海区常见的重要造礁珊瑚类群，共包括3个属，即杯形珊瑚属 *Pocillopora*、排孔珊瑚属 *Seriatopora* 和柱状珊瑚属 *Stylophora*。杯形珊瑚生长型主要为分枝状，珊瑚杯直径小，为 1～2 mm；隔片一到两轮，多有轴柱发育，隔片呈刺状或薄板状，某些种类隔片和柱状的轴柱融合相连；共骨上布满小刺。值得注意的是杯形珊瑚、排孔珊瑚和柱状珊瑚的繁殖方式为孵幼型，即经体内受精发育为成熟的浮浪幼虫后排出，其中鹿角杯形珊瑚甚至可以通过无性的孤雌生殖方式产生浮浪幼虫，且通常整年都有生殖活动。虫黄藻为垂直传递，新释放的幼虫即具有虫黄藻，这一类珊瑚通常是生态演替过程的先锋物种，在受干扰后的或新出现的生境中往往最先附着生长，扮演先驱或奠基者的角色。

杯形珊瑚属 *Pocillopora* Lamarck, 1816

群体分枝状，分枝表面布满疣突；珊瑚杯位于疣突之间或其上。

302 安氏杯形珊瑚
Pocillopora ankeli Scheer & Pillai, 1974

群体为小型分枝状群体，分枝瘤突状，短而粗壮，排列致密，分枝末端有时分叉，有时也略卷曲；疣突小，直径 1～1.5 mm，高 2 mm，疣突大小形状不一，有圆锥形或圆形，分布拥挤但不均匀，局部区域可能没有疣突；疣突上的珊瑚杯分布拥挤，珊瑚杯多为圆形但有时也呈多角状，直径在 0.5～1 mm；隔片基本不发育；轴柱不明显，仅呈微突瘤。

生活时常为铁锈红色或棕绿色。多生于浅水珊瑚礁区，尤其是受风浪影响较大的礁前缘区。广泛分布于印度-太平洋海区。

303 鹿角杯形珊瑚
Pocillopora damicornis (Linnaeus, 1758)

群体由树枝状分枝和小枝簇生而成，整体形态随着环境的变化具有极强的可塑性，当生于海浪强劲的生境时分枝较为紧凑密集而且相对粗壮，而生于深水区或隐蔽生境时分枝瘦长且分散；该种典型特征是疣突即为小枝，二者之间呈现为过渡类型，因此无明显区分；小枝不规则且分散，其上的珊瑚杯呈卵圆形，直径约为 1 mm；杯内部多缺乏骨骼结构，偶然可以见到发育不全的两轮隔片以及微突瘤状的轴柱。

生活时为淡棕色、绿色或粉红色。多生于浅水生境。广泛分布于印度-太平洋海区，该种珊瑚通常是珊瑚礁生态演替过程中的先锋种。

304 埃氏杯形珊瑚
Pocillopora eydouxi Milne Edwards, 1860

群体由粗壮、直立向上的分枝构成，群体直径常大于 1 m 而且可形成大片的单种群；主枝末端接近圆柱形，末端变宽变扁；分枝表面有密集且均匀分布的疣状突起，疣突直径 2～3 mm，高度 1.5～2.5 mm，分枝末端通常少疣突；分枝末端的珊瑚杯圆形，无内部结构发育，再往下的珊瑚杯多内有复杂的微结构，如隔片和刺状轴柱，珊瑚杯壁周围多小刺。

生活时多为绿色、棕色或浅粉色。生于多种珊瑚礁生境，尤其是海流或风浪强劲的礁前区。广泛分布于印度-太平洋海区。

305 多曲杯形珊瑚
Pocillopora meandrina Dana, 1846

群体由大小不一的分枝组成的灌丛，整体呈半球状，分枝间距基本等大，基部相对较窄，末端为扁平卷曲的片状；和疣杯形珊瑚相比，疣小且分布整齐划一，疣突直径 2.5 mm，高 3 mm；珊瑚杯圆形到多角状，直径约 1 mm，隔片及轴柱无或发育不全。

生活时为奶油色、粉红色或淡黄色。多生于受海浪影响较大的浅水礁区。广泛分布于印度 - 太平洋海区。

306 疣状杯形珊瑚
Pocillopora verrucosa (Ellis & Solander, 1786)

群体多由直立向上的分枝形成的灌丛状，群体的主枝的大小和形状相似，通常无蔓延枝；分枝与小枝上的疣突多，尤其是末端部分，疣突很明显，直径 3～7 mm，高 2～6 mm，疣突大小形状不一，有圆锥形、渐细或圆形，因此表面显得粗糙，白化之后主枝末端呈现铁锈般的红棕色；分枝基部的珊瑚杯圆形，末端珊瑚杯多角状，直径 0.5～1 mm，隔片或为简单的垂直脊状隆起或成排而列的细刺，轴柱无或为微突瘤。

生活时常为棕褐色和粉红色。多生于浅水礁区，尤其是礁斜坡浪大处。广泛分布于印度-太平洋海区。

307 伍氏杯形珊瑚
Pocillopora woodjonesi Vaughan, 1918

群体形状不规则，直径最大可达 1 m，由许多分枝从基底匍匐而出向外伸展，分枝侧扁，末端趋于扁平浆状或弯曲板状；分枝顶端的珊瑚杯圆形，直径约 0.7 mm，无内部骨骼结构，分枝侧面的珊瑚杯略大，内有两轮隔片以及刺状轴柱，其中有 1～2 个隔片很明显，和轴柱相连；共骨上布满小刺。

生活时为棕色或粉红色。多生于上礁坡浪大的生境。广泛分布于印度-太平洋海区。

排孔珊瑚属 *Seriatopora* Lamarck, 1816

群体分枝状，分枝粗细不等，珊瑚杯沿分枝纵向排成列，故名。

308 浅杯排孔珊瑚
Seriatopora caliendrum Ehrenberg, 1834

群体由大小形状不一的分枝互相交联形成的树丛状，生长型类似箭排孔珊瑚，区别是本种珊瑚分枝末端不呈尖锥状而趋于钝圆；风浪较强的礁前区群体分枝密集小枝略粗壮，生于平静水域的群体分枝趋于瘦长；珊瑚杯浸埋，圆形，沿分枝呈纵向排列，直径 0.5～0.9 mm；隔片和轴柱发育不良，隔片简单刺状；珊瑚杯壁上的小刺形成类似于柱状珊瑚的"罩"的结构。

生活时为奶油色或棕色。多生于上礁坡。广泛分布于印度-太平洋海区。

309 箭排孔珊瑚
Seriatopora hystrix Dana, 1846

珊瑚杯呈灌木丛状，由许多大小形状不同的分枝交错融合而形成，分枝末端渐细而呈尖锥形，且多分叉，分枝夹角从锐角到直角；珊瑚杯浸埋，沿分枝呈纵向排列，椭圆形，珊瑚杯的长径和短径分别为 0.4～0.9 mm 和 0.3～0.7 mm；隔片发育不完全，多呈刺状，但其中一个腹隔片发育良好，轴柱无或针状。

生活时为奶油色、绿色或粉红色。多生于浅海珊瑚礁区。广泛分布于印度-太平洋海区。

310 星排孔珊瑚
Seriatopora stellata Quelch, 1886

群体的分枝多变，主枝粗壮，直径 5～9 mm，通常交联，主枝末端多分叉，小枝瘦小而短，直径 1～3 mm，小枝末端呈尖锐的锥形；珊瑚杯小，直径 0.5～0.7 mm，第一轮隔片发育良好，主枝上珊瑚杯拥挤，分布略微不规则且隆起成脊，小枝上珊瑚杯呈锯齿状整齐分布；共骨上布满不规则分布的小刺，且在珊瑚杯周围形成"罩"。

生活时为奶油色或粉色。多生于浅海珊瑚礁区。广泛分布于印度-太平洋海区，但不常见。

柱状珊瑚属 *Stylophora* Schweigger, 1820

群体分枝状到板枝状，无疣突；珊瑚杯一般有罩（hood），第一轮隔片针状或板状，与轴柱相连；共骨上有刺或颗粒。

311 柱状珊瑚
Stylophora pistillata Esper, 1797

群体由末端钝圆的分枝构成，分枝形态多变，从细长到指状或掌状；珊瑚杯圆形，直径 0.6～1.2 mm，分枝基部珊瑚杯较小末端相对较大，不成排排列，珊瑚杯周围有刺，排列成斜向下的"罩"；隔片两轮，大小不等，第二轮隔片无或发育不全，共骨上装饰有许多小刺。

生活时为奶油色、绿色或胭脂红色。多生于受风浪影响较大的浅水礁区。广泛分布于印度-太平洋海区。

312 亚列柱状珊瑚
Stylophora subseriata (Ehrenberg, 1834)

群体由细而不规则的分枝互相交错而成，分枝直径约5 mm，末端钝圆；珊瑚杯明显，但是周围不形成"罩"；珊瑚杯的轴柱明显，第一轮隔片或与轴柱相连或稍短而不相连，共骨上布满细刺。

生活时常为奶油色或粉红色，水螅体触手白天时常伸展出来。生于各种珊瑚礁生境。广泛分布于印度-太平洋海区。

沙珊瑚科
Psammocoridae Chevalier & Beauvais, 1987

沙珊瑚属 *Psammocora* 原隶属于铁星珊瑚科 Siderastreidae，随后的系统发育分析发现它和铁星珊瑚科的筛珊瑚属 *Coscinaraea*、铁星珊瑚属 *Siderastrea* 和假铁星珊瑚属 *Pseudosiderastrea* 存在明显的骨骼微结构差异和遗传分化，因此将沙珊瑚属提升成为沙珊瑚科 Psammocoridae。Benzoni 等（2010）通过对模式标本、骨骼形态学和 DNA 序列的研究对沙珊瑚物种做了较大的变动和调整，通过对模式标本的研究发现之前广泛描述的指形沙珊瑚 *Psammocora digitata* 其实是海氏沙珊瑚 *P. haimiana*，而对指形沙珊瑚模式标本、骨骼形态学和基因序列的分析发现它与海氏沙珊瑚存在差异，为新的独立物种；此外，广泛描述的血红沙珊瑚 *P. haimeana* 和浅薄沙珊瑚 *P. superficialis* 均为深室沙珊瑚 *P. profundacella* 的同物异名，并非先前所认可的拼写错误，而 *P. obtusangula* 为毗邻沙珊瑚 *P. contigua* 的同物异名。

沙珊瑚属 *Psammocora* Dana, 1846

群体多为团块状、柱状、皮壳状或板状；珊瑚杯小而浅，有时连成短谷；珊瑚杯壁不明显，一些初级隔片-珊瑚肋被围在次级隔片-珊瑚肋内部，呈镶嵌的花瓣状，形成本属特有结构，称之为闭合花瓣隔片（enclosed petaloid septa）；隔片-珊瑚肋边缘布满细颗粒。

313 毗邻沙珊瑚
Psammocora contigua (Esper, 1794)

群体扁平丛状、棒状、不规则的小瘤突分枝或混合生长型，常形成皮壳状基部，分枝的形态变化极大，与生长环境有关，分枝基部常宽而扭曲甚至愈合，两面均有珊瑚杯分布；珊瑚杯浅窝状，平滑均匀分布，间隔 1～2 mm，有时形成短谷，长短不一；隔片数目变化大，有 3～5 个呈闭合花瓣状；轴柱多刺小梁状或矮突，有时不发育。

生活时为灰色、棕灰色或黄绿色。多生于浅水珊瑚礁生境或软质基底。广泛分布于印度-太平洋海区，常见种。

314 海氏沙珊瑚
Psammocora haimiana Milne Edwards & Haime, 1851

群体为皮壳状或亚团块板状，其上多长出直立的柱状或不规则的板状突起，横截面多为椭圆形，末端钝圆；珊瑚杯小，直径 2～3.3 mm，明显的浅窝状，偶尔连成短谷，但一般不超过 4 个珊瑚杯；隔片有 7～10 个到达杯中心，其中 3～5 个呈花瓣形，非花瓣形隔片在外缘一侧分叉并和临近的非花瓣隔片融合围住花瓣形隔片，形成致密的网状结构，相近珊瑚杯之间通常有 1～2 行闭合花瓣隔片相隔；轴柱小而不明显，锥形小梁。

生活时为灰色、棕色或紫色。生于多种珊瑚礁生境。广泛分布于印度 - 太平洋海区。

315 不等脊塍沙珊瑚
Psammocora nierstraszi Van der Horst, 1921

群体皮壳状到亚团块状，表面或光滑或有山丘状隆起，形态主要随着生长基底而变化；珊瑚杯直径约 1 mm，主要特征是高度迂回弯曲的谷，谷长短不一且无明显的界限，有 5～8 个隔片达到杯中央，其中约有 4 个呈花瓣状，形似苹果种子，此类隔片在珊瑚杯之间有多排，而且较突出，因此群体表面粗糙刺状；杯壁清晰可见，有时甚至隆起形成尖的山顶状脊塍，轴柱为一简单的柱状。

生活时为灰色、棕色、奶油色或绿色。多生于海流强劲的珊瑚礁区。广泛分布于印度 - 太平洋海区。

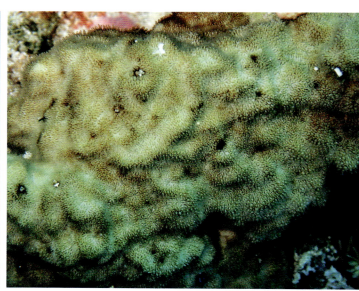

316 深室沙珊瑚
Psammocora profundacella Gardiner, 1898

群体通常为团块状，有时也为皮壳状或板状；珊瑚杯小而浅，直径 2～3 mm，单独分布或形成 2～3 个珊瑚杯的短谷，珊瑚杯常由不规则的脊塍隔开，脊塍不明显或高 2 mm，上边缘或钝圆或尖；由于发生融合，隔片数目由边缘至中间逐步减少，通常仅有 8～13 个到达杯中央，3～6 个呈花瓣形，隔片边缘齿状而两侧有颗粒；合隔桁杯壁，轴柱不发育或仅为多个不规则小突起，由隔片内缘隆起的小颗粒形成。

生活时为灰色、奶油色、粉红色、棕色或褐色，杯中心部位深色。多生于浅水珊瑚礁生境。广泛分布于印度 - 太平洋海区。

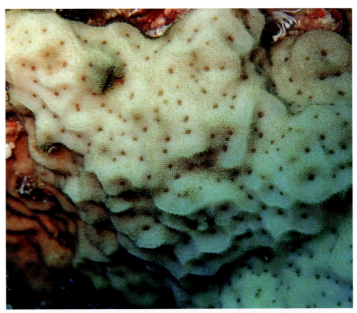

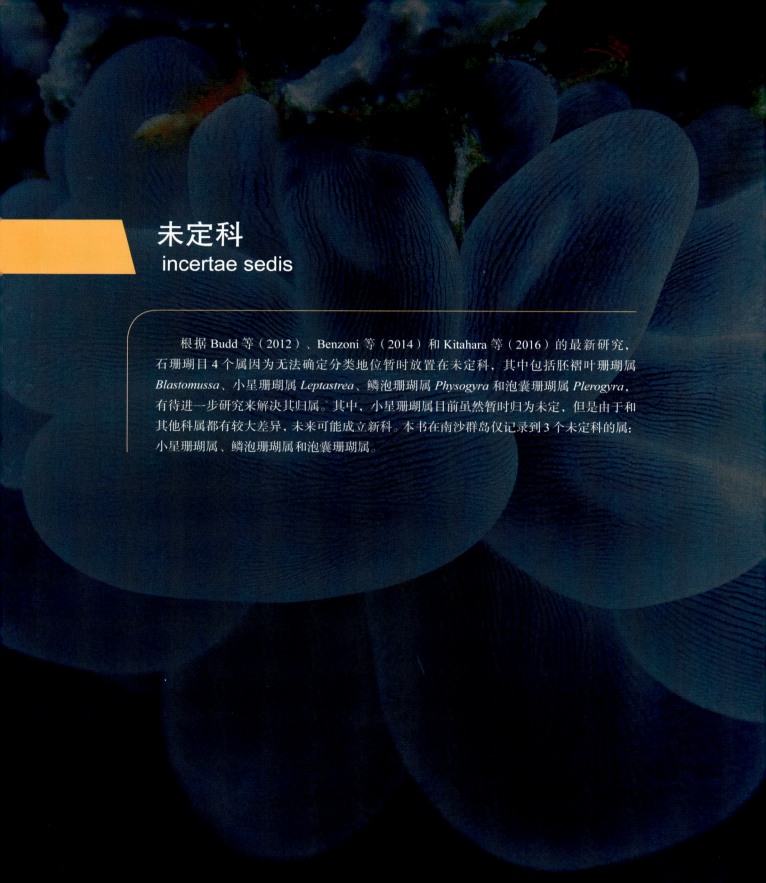

未定科
incertae sedis

根据 Budd 等（2012）、Benzoni 等（2014）和 Kitahara 等（2016）的最新研究，石珊瑚目 4 个属因为无法确定分类地位暂时放置在未定科，其中包括胚褶叶珊瑚属 *Blastomussa*、小星珊瑚属 *Leptastrea*、鳞泡珊瑚属 *Physogyra* 和泡囊珊瑚属 *Plerogyra*，有待进一步研究来解决其归属。其中，小星珊瑚属目前虽然暂时归为未定，但是由于和其他科属都有较大差异，未来可能成立新科。本书在南沙群岛仅记录到 3 个未定科的属：小星珊瑚属、鳞泡珊瑚属和泡囊珊瑚属。

小星珊瑚属 *Leptastrea* Milne Edwards & Haime, 1849

群体皮壳状或团块状；珊瑚杯多边形或圆柱形，珊瑚杯之间有槽；共骨坚实，轴柱为乳突状突起。

317 粗突小星珊瑚
Leptastrea bottae (Milne Edwards & Haime, 1849)

群体为团块状皮壳状，表面扁平或有不规则小丘；珊瑚杯短柱状，珊瑚杯之间多有沟隔开；隔片三轮，第一轮尤其明显，长而突出，第二轮短，第三轮发育不全，几乎不可见；沟槽-结节（groove and tubercle）发育良好。

生活时为白色或奶油色，口盘部位颜色较深。多生于浅水珊瑚礁生境。广泛分布于印度-太平洋海区，但不常见。

318 不均小星珊瑚
Leptastrea inaequalis Klunzinger, 1879

群体团块状；珊瑚杯融合形分布，突出呈圆桶状，大小均一，直径多为3 mm，偶然可见直径达5 mm的"巨型"珊瑚杯；珊瑚杯多倾斜，且常低于相邻一侧珊瑚杯，珊瑚杯壁和共骨光滑或有细小颗粒，无珊瑚肋；珊瑚杯之间有深沟分隔，而且有发育良好的沟槽-结节结构；隔片通常两轮，不等大，第一轮隔片楔形，加厚、大且突出。

生活时为奶油色、绿色和棕黄色的复合色，杯口颜色通常较深。生于各种珊瑚礁生境。广泛分布于印度-太平洋海区，不常见。

319 白斑小星珊瑚
Leptastrea pruinosa Crossland, 1952

群体通常为扁平皮壳状，表面通常光滑无突起，有时团块状；珊瑚杯形状不规则，以亚多角形或亚融合形方式排列，大小相近且紧密平均地分布于群体，珊瑚杯之间有一细沟；隔片4轮，大小不一，第一轮大而明显，隔片边缘和两侧颗粒状。

生活时为棕色或紫色，口盘为白色或绿色。多生于浅水珊瑚礁区。广泛分布于印度-太平洋海区。

320 紫小星珊瑚
Leptastrea purpurea (Dana, 1846)

群体为皮壳状或团块状，表面通常较平坦；珊瑚杯多边形，多角形排列，同一群体内珊瑚杯的大小和形状多变，直径2～11 mm；隔片基本等大，轮次不明显，排列规则且紧凑，侧面布满明显的小颗粒，内缘以相同坡度降低至杯底；珊瑚肋发育不良，珊瑚杯之间由光滑的白色狭带隔开，珊瑚杯壁的厚度变化较大。

生活时为浅黄色、粉红色、绿色或奶油色，口盘有时为绿色，触手白天常伸出。生于各种珊瑚礁生境。广泛分布于印度-太平洋海区，常见。

321 横小星珊瑚
Leptastrea transversa Klunzinger, 1879

群体皮壳状，表面较光滑；珊瑚杯多角形，杂以少部分圆形或卵圆形珊瑚杯，珊瑚杯之间有沟槽隔开，珊瑚杯大小不一，直径 2～9 mm；隔片 4～5 轮，不完全，隔片边缘有小齿，两侧有颗粒，第一轮隔片大且稍突出，有时加厚，底部连于轴柱，轴柱为小梁交缠而成的海绵状。

生活时多为浅灰色、浅褐色、棕色或绿色，白天部分触手伸展出。生于多数珊瑚礁生境。广泛分布于印度-太平洋海区。

鳞泡珊瑚属 *Physogyra* Milne Edwards & Haime, 1848

单种属，群体团块状；谷连续而弯曲；隔片大而突出；触手长而尖。

322 轻巧鳞泡珊瑚
Physogyra lichtensteini (Milne Edwards & Haime, 1851)

群体团块状或扁平的厚板状，大小常超过 1 m；珊瑚杯沟回形排列，形成连续的长谷或短谷或两者都有；隔片薄而脆，排列没有一定次序，边缘光滑，突出可达 8 mm，长 18 mm，隔片多达到珊瑚杯中心位置后垂直降低。

白天群体表面布满浅灰色或暗绿色的葡萄状囊泡，受刺激后需要一定反应时间才收缩，夜晚时长且尖的触手伸出盖住囊泡。多生于受庇护的生境，尤其是浑浊的水体。广泛分布于印度 - 太平洋海区。

泡囊珊瑚属 *Plerogyra* Quelch, 1884

群体扇形-沟回形或笙形；隔片大而坚固，边缘光滑，突出，间距大；轴柱不发育，外鞘空泡状，群体表面布满泡囊，触摸时会收回。

323 分枝泡囊珊瑚
Plerogyra simplex Rehberg, 1892

群体形似倒置的圆锥体，幼体时为单体且为车轮状，随着生长逐渐变为扇形和扇形-沟回形，弯曲的谷常分成多个独立的笙形或扇形的分枝；隔片常排成不明显的4轮，隔片不规则且间距大，厚2.5 mm，长35 mm，突出近20 mm，隔片边缘和两侧均光滑。

生活时为奶油色、灰色或淡棕色，表面覆盖着葡萄状囊泡，这些囊泡连续排列常遮盖其下的分枝形态。多生于受庇护的生境，尤其是潟湖和礁坡底部。广泛分布于印度-太平洋海区。

324 泡囊珊瑚
Plerogyra sinuosa (Dana, 1846)

群体形似倒置的圆锥体，幼体时为单体呈长椭圆形，随着生长逐渐变为扇形和扇形-沟回形，弯曲的谷常分成多个独立的笙形到扇形的分枝；隔片常排成不明显的4轮，隔片不规则且间距大，厚2.5 mm，长35 mm，突出近20 mm，隔片边缘和两侧均光滑。

生活时为灰白色或浅棕色，群体表面多覆盖着直径约2 cm的葡萄状囊泡，囊泡有时也呈管状、分叉状或不规则，囊泡表面布满线纹，触动时几乎不收缩或收缩很慢，夜晚触手才伸出。多生于受庇护的生境，尤其是潟湖和礁坡底部。广泛分布于印度-太平洋海区。

主要参考文献

方宏达, 时小军. 2019. 南沙群岛珊瑚图鉴. 青岛: 中国海洋大学出版社.

黄晖. 2018. 西沙群岛珊瑚礁生物图册. 北京: 科学出版社.

黄晖, 杨剑辉, 董志军. 2013. 南沙群岛渚碧礁珊瑚礁生物图册. 北京: 海洋出版社.

黄林韬, 黄晖, 江雷. 2020. 中国造礁石珊瑚分类厘定. 生物多样性, 28(4): 515-523.

李元超, 吴钟解, 梁计林, 等. 2019. 近15年西沙群岛长棘海星暴发周期及暴发原因分析. 科学通报, (33): 3478-3484.

余克服. 2018. 珊瑚礁科学概论. 北京: 科学出版社.

赵焕庭, 温孝胜. 1996. 南沙群岛珊瑚礁自然特征. 海洋学报, (5): 61-70.

中国科学院南海海洋研究所. 1987. 曾母暗沙——中国南疆综合调查研究报告. 北京: 科学出版社.

中国科学院南沙综合科学考察队. 1989. 南沙群岛及其邻近海区综合调查研究报告. 北京: 科学出版社.

邹仁林. 1975. 海南岛浅水造礁石珊瑚. 北京: 科学出版社.

邹仁林. 2001. 中国动物志 造礁石珊瑚 腔肠动物门 珊瑚虫纲 石珊瑚目. 北京: 科学出版社.

Arrigoni R, Benzoni F, Huang DW, et al. 2016. When forms meet genes: revision of the scleractinian genera *Micromussa* and *Homophyllia* (Lobophylliidae) with a description of two new species and one new genus. Contributions to Zoology, 85: 387-422.

Arrigoni R, Berumen ML, Stolarski J, et al. 2019. Uncovering hidden coral diversity: a new cryptic lobophylliid scleractinian from the Indian Ocean. Cladistics, 35: 301-328.

Arrigoni R, Richards ZT, Chen CA, et al. 2014a. Taxonomy and phylogenetic relationships of the coral genera *Australomussa* and *Parascolymia* (Scleractinia, Lobophylliidae). Contributions to Zoology, 83: 195-215.

Arrigoni R, Terraneo TI, Galli P, et al. 2014b. Lobophylliidae (Cnidaria, Scleractinia) reshuffled: pervasive non-monophyly at genus level. Molecular Phylogenetics and Evolution, 73: 60-64.

Bassett-Smith PW. 1890. Report on the corals from the Lizard and Macclesfield Banks, China Sea. Annals and Magazine of Natural History, 6: 353-374.

Bellwood D, Hughes T, Folke C, et al. 2004. Confronting the coral reef crisis. Nature, 429: 827-833.

Benzoni F, Arrigoni R, Stefani F, et al. 2012a. Phylogenetic position and taxonomy of *Cycloseris explanulata* and *C. wellsi* (Scleractinia: Fungiidae): lost mushroom corals find their way home. Contributions to Zoology, 81: 125-146.

Benzoni F, Arrigoni R, Stefani F, et al. 2012b. Systematics of the coral genus *Craterastrea* (Cnidaria, Anthozoa, Scleractinia) and description of a new family through combined morphological and molecular analyses. Systematics and Biodiversity, 10: 417-433.

Benzoni F, Arrigoni R, Waheed Z, et al. 2014. Phylogenetic relationships and revision of the genus *Blastomussa* (Cnidaria: Anthozoa: Scleractinia) with description of a new species. Raffles Bulletin of Zoology, 62: 358-378.

Benzoni F, Stefani F, Pichon M, et al. 2010. The name game: morpho-molecular species boundaries in the genus *Psammocora* (Cnidaria, Scleractinia). Zoological Journal of the Linnean Society, 160: 421-456.

Benzoni F, Stefani F, Stolarski J, et al. 2007. Debating phylogenetic relationships of the scleractinian *Psammocora*: molecular and morphological evidences. Contributions to Zoology, 76: 35-54.

Bernard HM. 1896. Catalogue of the Madreporian corals of the British Museum (National History), Vol. II, The genus *Tubinaria*; the genus *Astreopora*. London: British Museum of Natural History.

Bernard HM. 1897. Catalogue of the Madreporian corals of the British Museum (National History), Vol. III, The genus *Montipora*. London: British Museum of Natural History.

Bernard HM. 1903. Catalogue of the Madreporian corals of the British Museum (National History), Vol. IV, The genus *Goniopora*. London: British Museum of Natural History.

Bourne DG, Morrow KM, Webster NS. 2016. Insights into the coral microbiome: underpinning the health and resilience of reef ecosystems. Annual Review of Microbiology, 70(1): 317-340.

Brook G. 1893. Catalogue of the Madreporian corals of the British Museum (National History), Vol. I, The genus *Medrepora*. London: British Museum of Natural History.

Budd AF, Fukami H, Smith ND, et al. 2012. Taxonomic classification of the reef coral family Mussidae (Cnidaria: Anthozoa: Scleractinia). Zoological Journal of the Linnean Society, 166: 465-529.

Carpenter KE, Abrar M, Aeby G, et al. 2008. One-third of reef-building corals face elevated extinction risk from climate change and local impacts. Science, 321: 560-563.

Cesar H, Burke L, Pet-Soede L. 2003. The Economics of Worldwide Coral Reef Degradation. Arnhem: Cesar Environmental Economics Consulting (CEEC); WWF-Netherlands: 14-23.

Chen CA, Odorico DM, Tenlohuis M, et al. 1995. Systematic relationships within the Anthozoa (Cnidaria: Anthozoa) using the 5′-end of the 28S rDNA. Molecular Phylogenetics and Evolution, 4: 175-183.

Crossland C. 1952. British Museum (National History) Great Barrier Reef Expedition, 1928-29, Sci Rept. Vol. 5, Madreporaria, Hydrocorallineae. Heliopora. London: British Museum of Natural History.

Dai CF, Fan TY. 1996. Coral fauna of Taiping Island (Itu Aba Island) in the spratlys of the South China Sea. Atoll Research Bulletin, 436: 1-21.

Dai CF, Horng S. 2009a. Scleractinia fauna of Taiwan I. The complex group. Taipei: Taiwan University.

Dai CF, Horng S. 2009b. Scleractinia fauna of Taiwan II. The robust group. Taipei: Taiwan University.

Dai CF, Soong K, Jeng MS, et al. 2003. Status of coral reefs in Taiwan. Taipei: Fisheries Agent, Council of Agriculture.

Dana J. 1846. Zoophytes. United States Exploring Expedition, 1838-1842, Vol. 7: 740.

Fukami H, Chen CA, Budd AF, et al. 2008. Mitochondrial and nuclear genes suggest that stony corals are monophyletic but most families of stony corals are not (order Scleractinia, class Anthozoa, phylum Cnidaria). PLoS ONE, 3: e3222.

Gardner TA, Côté IM, Gill JA, et al. 2005. Hurricanes and caribbean coral reefs: impacts, recovery patterns, and role in long-term decline. Ecology, 86: 174-184.

Gittenberger A, Reijnen BT, Hoeksema BW. 2011. A molecularly based phylogeny reconstruction of mushroom corals (Scleractinia: Fungiidae) with taxonomic consequences and evolutionary implications for life history traits. Contributions to Zoology, 80: 107-132.

Hoeksema BW. 1989. Taxonomy, phylogeny and biogeography of mushroom corals (Scleractinia: Fungiidae). Zoologische Verhandelingen, 254: 1-295.

Hoeksema BW, Cairns S. 2020. World list of Scleractinia. http://www.marinespecies.org/scleractinia[2020-08-05].

Huang DW, Arrigoni R, Benzoni F, et al. 2016. Taxonomic classification of the reef coral family Lobophylliidae (Cnidaria: Anthozoa: Scleractinia). Zoological Journal of the Linnean Society, 178: 436-481.

Huang DW, Benzoni F, Arrigoni R, et al. 2014a. Towards a phylogenetic classification of reef corals: the Indo-Pacific genera *Merulina*, *Goniastrea* and *Scapophyllia* (Scleractinia, Merulinidae). Zoologica Scripta, 43: 531-548.

Huang DW, Benzoni F, Fukami H, et al. 2014b. Taxonomic classification of the reef coral families Merulinidae, Montastraeidae, and Diploastraeidae (Cnidaria: Anthozoa: Scleractinia). Zoological Journal of the Linnean Society, 171: 277-355.

Huang DW, Licuanan WY, Hoeksema BW, et al. 2015. Extraordinary diversity of reef corals in the South China Sea. Marine Biodiversity, 45(2): 157-168.

Hughes TP, Huang H, Young MA. 2012. The wicked problem of China's disappearing coral reefs. Conservation Biology, 27: 261-269.

Kitahara MV, Fukami H, Benzoni F, et al. 2016. The new systematics of scleractinia: integrating molecular and morphological evidence // Goffredo S, Dubinsky Z. The Cnidaria, Past, Present and Future (Cham). Cham: Springer: 41-59.

Kitano YF, Benzoni F, Arrigoni R, et al. 2014. A phylogeny of the family Poritidae (Cnidaria, Scleractinia) based on molecular and morphological analyses. PLoS ONE, 9: e98406.

Kuo LC. 1948. Geomorphology of the Tizard Bank and Reefs, Nan-Sha Island, China. Acta. Geol. Taiwaniea, 2: 45-54.

Lamarck JBP. 1758. Histoire naturelle des animaux sans vertebres. Paris: Verdiere: 568.

Linnaeus C. 1758. Systema Naturae. 10th edition. Laurentii Salvii: Holmiae: 824.

Luzon KS, Lin MF, Ablan L, et al. 2017. Resurrecting a subgenus to genus: molecular phylogeny of *Euphyllia* and *Fimbriaphyllia* (order Scleractinia; family Euphylliidae; clade V). PeerJ, 5: e4074.

Milne Edwards H, Haime J. 1857-1860. Histoire naturelle des coralliaires, tome 1-3. Paris: Libraire Encyclopédique de Roret.

Moberg F, Folke C. 1999. Ecological goods and services of coral reef ecosystems. Ecological economics, 29 (2): 215-233.

Paulay G. 1997. Diversity and distribution of reef organisms. Life and Death of Coral Reefs: 298-353.

Quelch JJ. 1886. Report of the reef-corals collected by the H.M.S. Challenger during the years 1873-1876. Rep. Scient. Results Voyage H. M. S. Challenger (Zool.),16 (3): 1-203.

Richards ZT, Carvajal JI, Wallace CC, et al. 2019. Phylotranscriptomics confirms *Alveopora* is sister to *Montipora* within the family Acroporidae. Marine Genomics, 50: 100703.

Romano SL, Palumbi SR. 1996. Evolution of scleractinian corals inferred from molecular systematics. Science, 271: 640-642.

Romano SL, Palumbi SR. 1997. Molecular evolution of a portion of the mitochondrial 16s ribosomal gene region in scleractinian corals. Journal of Molecular Evolution, 45(4): 397-411.

Schweinsberg M, Weiss LC, Striewski S, et al. 2015. More than one genotype: how common is intracolonial genetic variability in scleractinian corals? Molecular Ecology, 24: 2673-2685.

Spalding M, Ravilious C, Green EP. 2001. World atlas of coral reefs. Berkeley: University of California Press.

Vaughan TW, Wells JW. 1943. Revision of the suborders, families, and genera of the Scleractinia. Geol Soc Amer Spec Pap, 44: 363.

Veron JEN. 1986. Corals of Australia and the Indo-Pacific. Sydney: Angus and Robertson.

Veron JEN. 2000. Corals of the World (Vol. 1-3). Townsville: Australian Institute of Marine Science.

Veron JEN. 2013. Overview of the taxonomy of zooxanthellate Scleractinia. Zoological Journal of the Linnean Society, 169: 485-508.

Veron JEN, Pichon M, Wijsman-Best M. 1977. Scleractinia of Eastern Australia, Part II: families Faviidae, Trchyliidae. Australian Institute of Marine Science Monograph, Townsville, Series 3: 233.

Veron JEN, Pichon M. 1976. Scleractinia of Eastern Australia, part I: Families Thamnasteriidae, Astrocoeniidae, Pocilloporidae. Australian Institute of Marine Science Monograph, Townsville, Series 1: 86.

Veron JEN, Pichon M. 1980. Scleractinia of Eastern Australia, Part III: families Agariciidae, Siderastreidae, Fungiidae, Oculinidae, Merulinudae, Mussidae, Pectiniidae, Caryophylliidae, Dendrophylliidae. Australian Institute of Marine Science Monograph, Townsville, Series 4: 422.

Veron JEN, Pichon M. 1982. Scleractinia of Eastern Australia, Part IV: family Poritidae. Australian Institute of Marine Science Monograph, Townsville, Series 5: 159.

Veron JEN, Stafford-Smith M, DeVantier L, et al. 2015. Overview of distribution patterns of zooxanthellate Scleractinia. Frontiers in Marine Science, 1: 81.

Veron JEN, Wallace CC. 1984. Scleractinia of Eastern Australia, Part V: family Acroporidae. Australian Institute of Marine Science Monograph, Townsville, Series 6: 503.

Wallace CC, Chen CA, Fukami H, et al. 2007. Recognition of separate genera within *Acropora* based on new morphological, reproductive and genetic evidence from *Acropora togianensis*, and elevation of the subgenus *Isopora* Studer, 1878 to genus (Scleractinia: Astrocoeniidae; Acroporidae). Coral Reefs, 26: 231-239.

Wallace CC, Dai CF. 1997, Scleractinia of Taiwan, IV: review of the coral genus *Acropora* from Taiwan. Zoological studies, 36: 288-324.

Wallace CC, Done BJ, Muir PR. 2012. Revision and Catalogue of Worldwide Staghorn Corals *Acropora* and *Isopora* (Scleractina: Acroporidae) in the Museum of Tropical Queensland. Queensland: Queensland Museum.

Wallace CC. 1999. Staghorn corals of the world. A revision of the genus *Acropora*. Collingwood: CSIRO Publishing: 422.

Wells JW. 1956. Scleractinia // Moore RC. Treatise on Invertebrate Paleontology, Part F Coelenterata. Lawrence, Kansas: Geological Society of America & University of Kansas Press: 328-444.

Wilkinson C. 2008. Status of Coral Reefs of the World: 2008. Global Coral Reef Monitoring Network and Reef and Rainforest Research Center, Townsville, Australia.

Yonge CM. 1973. The nature of reef building (hermatypic) corals. Bulletin of Marine Science, 23: 1-5.

Zhao MX, Yu KF, Shi Q, et al. 2013. Coral communities of the remote atoll reefs in the Nansha Islands, Southern South China Sea. Environmental Monitoring and Assessment, 185: 7381-7392.

附录：南沙群岛造礁石珊瑚名录

科 Family	属 Genus	种 Species	新记录种	IUCN 濒危等级	同物异名或 拼写修订
鹿角珊瑚科 Acroporidae	鹿角珊瑚属 *Acropora*	丘突鹿角珊瑚 *Acropora abrotanoides*		LC	
		尖锐鹿角珊瑚 *Acropora aculeus*		VU	
		繁枝鹿角珊瑚 *Acropora acuminata*		VU	
		赤岛鹿角珊瑚 *Acropora akajimensis*		DD	
		花柄鹿角珊瑚 *Acropora anthocercis*		VU	
		简单鹿角珊瑚 *Acropora austera*		VU	
		巴氏鹿角珊瑚 *Acropora batunai*		VU	
		刺鹿角珊瑚 *Acropora carduus*		NT	
		卡罗鹿角珊瑚 *Acropora caroliniana*		VU	
		谷鹿角珊瑚 *Acropora cerealis*		LC	
		方格鹿角珊瑚 *Acropora clathrata*		LC	
		浪花鹿角珊瑚 *Acropora cytherea*		LC	
		指形鹿角珊瑚 *Acropora digitifera*		NT	
		两叉鹿角珊瑚 *Acropora divaricata*		NT	
		棘鹿角珊瑚 *Acropora echinata*		VU	
		花鹿角珊瑚 *Acropora florida*		NT	
		芽枝鹿角珊瑚 *Acropora gemmifera*		LC	
		巨枝鹿角珊瑚 *Acropora grandis*		LC	
		颗粒鹿角珊瑚 *Acropora granulosa*		NT	
		丑鹿角珊瑚 *Acropora horrida*		VU	
		粗野鹿角珊瑚 *Acropora humilis*		NT	
		风信子鹿角珊瑚 *Acropora hyacinthus*		NT	
		中间鹿角珊瑚 *Acropora intermedia*		LC	
		杰氏鹿角珊瑚 *Acropora jacquelineae*		VU	
		基尔斯蒂鹿角珊瑚 *Acropora kirstyae*		VU	
		盘枝鹿角珊瑚 *Acropora latistella*		LC	
		罗肯鹿角珊瑚 *Acropora lokani*		VU	
		奇枝鹿角珊瑚 *Acropora loripes*		NT	
		宽片鹿角珊瑚 *Acropora lutkeni*		NT	
		灌丛鹿角珊瑚 *Acropora microclados*		VU	
		小叶鹿角珊瑚 *Acropora microphthalma*		LC	
		多孔鹿角珊瑚 *Acropora millepora*		NT	
		巨锥鹿角珊瑚 *Acropora monticulosa*		NT	
		多棘鹿角珊瑚 *Acropora multiacuta*	*	VU	
		美丽鹿角珊瑚 *Acropora muricata*		NT	*Acropora formosa*
		细枝鹿角珊瑚 *Acropora nana*		NT	

注：VU. 易危；NT. 近危；LC. 无危；DD. 数据缺乏

续表

科 Family	属 Genus	种 Species	新记录种	IUCN 濒危等级	同物异名或拼写修订
鹿角珊瑚科 Acroporidae	鹿角珊瑚属 Acropora	鼻形鹿角珊瑚 Acropora nasuta		NT	
		匍匐鹿角珊瑚 Acropora palmerae		VU	
		乳突鹿角珊瑚 Acropora papillare	*	VU	
		圆锥鹿角珊瑚 Acropora paniculata		VU	
		多盘鹿角珊瑚 Acropora polystoma	*	VU	
		佳丽鹿角珊瑚 Acropora pulchra		LC	
		瑞图萨鹿角珊瑚 Acropora retusa	*	VU	
		壮实鹿角珊瑚 Acropora robusta		LC	
		萨摩亚鹿角珊瑚 Acropora samoensis		LC	
		短小鹿角珊瑚 Acropora sarmentosa		LC	
		穗枝鹿角珊瑚 Acropora secale		NT	
		石松鹿角珊瑚 Acropora selago		NT	
		单独鹿角珊瑚 Acropora solitaryensis		VU	
		标准鹿角珊瑚 Acropora speciosa		VU	
		刺枝鹿角珊瑚 Acropora spicifera		VU	
		次生鹿角珊瑚 Acropora subglabra		LC	
		浅盘鹿角珊瑚 Acropora subulata		LC	
		柔枝鹿角珊瑚 Acropora tenuis		NT	
		华伦鹿角珊瑚 Acropora valenciennesi		LC	
		强壮鹿角珊瑚 Acropora valida		LC	
		华氏鹿角珊瑚 Acropora vaughani		VU	
		小丛鹿角珊瑚 Acropora verweyi		VU	
		威氏鹿角珊瑚 Acropora willisae		VU	
		杨氏鹿角珊瑚 Acropora yongei		LC	
	穴孔珊瑚属 Alveopora	卡氏穴孔珊瑚 Alveopora catalai	*	NT	
		高穴孔珊瑚 Alveopora excelsa		EN	
		海绵穴孔珊瑚 Alveopora spongiosa		NT	
	假鹿角珊瑚属 Anacropora	福贝假鹿角珊瑚 Anacropora forbesi		LC	
	星孔珊瑚属 Astreopora	兜状星孔珊瑚 Astreopora cucullata		LC	
		疣星孔珊瑚 Astreopora gracilis		LC	
		潜伏星孔珊瑚 Astreopora listeri		LC	
		多星孔珊瑚 Astreopora myriophthalma		LC	
		圆目星孔珊瑚 Astreopora ocellata		LC	
		蓝德尔星孔珊瑚 Astreopora randalli		LC	
		半球星孔珊瑚 Astreopora suggesta	*	LC	
	同孔珊瑚属 Isopora	松枝同孔珊瑚 Isopora brueggemanni		VU	Acropora (Isopora) brueggemanni
		杯状同孔珊瑚 Isopora crateriformis		VU	Acropora (Isopora) crateriformis
		楔形同孔珊瑚 Isopora cuneata		VU	Acropora (Isopora) cuneata
		栅列同孔珊瑚 Isopora palifera		NT	Acropora (Isopora) palifera

续表

科 Family	属 Genus	种 Species	新记录种	IUCN 濒危等级	同物异名或拼写修订
鹿角珊瑚科 Acroporidae	蔷薇珊瑚属 Montipora	癭叶蔷薇珊瑚 Montipora aequituberculata		LC	
		直枝蔷薇珊瑚 Montipora altasepta		VU	
		角枝蔷薇珊瑚 Montipora angulata		VU	
		仙掌蔷薇珊瑚 Montipora cactus		VU	
		杯形蔷薇珊瑚 Montipora caliculata		VU	
		龙骨蔷薇珊瑚 Montipora carinata	*	NT	Montipora hirsuta
		圆突蔷薇珊瑚 Montipora danae		LC	
		指状蔷薇珊瑚 Montipora digitata		LC	
		繁锦蔷薇珊瑚 Montipora efflorescens		NT	
		叶状蔷薇珊瑚 Montipora foliosa		NT	
		浅窝蔷薇珊瑚 Montipora foveolata		NT	
		青灰蔷薇珊瑚 Montipora grisea		LC	
		鬃刺蔷薇珊瑚 Montipora hispida		LC	
		贺氏蔷薇珊瑚 Montipora hoffmeisteri		LC	
		厚板蔷薇珊瑚 Montipora incrassata		NT	
		变形蔷薇珊瑚 Montipora informis		LC	
		多曲蔷薇珊瑚 Montipora maeandrina		VU	Montipora meandrina
		单星蔷薇珊瑚 Montipora monasteriata		LC	
		柱节蔷薇珊瑚 Montipora nodosa		NT	
		巴拉望蔷薇珊瑚 Montipora palawanensis		NT	
		翼形蔷薇珊瑚 Montipora peltiformis		NT	
		微孔蔷薇珊瑚 Montipora porites		NT	
		指蔷薇珊瑚 Montipora samarensis		VU	
		斑星蔷薇珊瑚 Montipora stellata		LC	
		截顶蔷薇珊瑚 Montipora truncata		VU	Montipora vietnamensis
		结节蔷薇珊瑚 Montipora tuberculosa		LC	
		膨胀蔷薇珊瑚 Montipora turgescens		LC	
		波形蔷薇珊瑚 Montipora undata		NT	
		脉状蔷薇珊瑚 Montipora venosa		NT	
		细疣蔷薇珊瑚 Montipora verruculosa	*	VU	Montipora verruculosus
		疣突蔷薇珊瑚 Montipora verrucosa		LC	
菌珊瑚科 Agariciidae	西沙珊瑚属 Coeloseris	西沙珊瑚 Coeloseris mayeri		LC	
	加德纹珊瑚属 Gardineroseris	加德纹珊瑚 Gardineroseris planulata		LC	
	薄层珊瑚属 Leptoseris	环形薄层珊瑚 Leptoseris explanata		LC	
		叶状薄层珊瑚 Leptoseris foliosa		LC	
		壳状薄层珊瑚 Leptoseris incrustans		NT	
		类菌薄层珊瑚 Leptoseris mycetoseroides		LC	
		凹凸薄层珊瑚 Leptoseris scabra		LC	
		坚实薄层珊瑚 Leptoseris solida	*	LC	

续表

科 Family	属 Genus	种 Species	新记录种	IUCN濒危等级	同物异名或拼写修订
菌珊瑚科 Agariciidae	薄层珊瑚属 Leptoseris	管形薄层珊瑚 Leptoseris tubulifera	*	LC	
		辐叶薄层珊瑚 Leptoseris yabei		VU	
	厚丝珊瑚属 Pachyseris	叶状厚丝珊瑚 Pachyseris foliosa		LC	
		芽突厚丝珊瑚 Pachyseris gemmae		NT	
		皱纹厚丝珊瑚 Pachyseris rugosa		VU	
		标准厚丝珊瑚 Pachyseris speciosa		LC	
	牡丹珊瑚属 Pavona	球形牡丹珊瑚 Pavona cactus		VU	
		柱形牡丹珊瑚 Pavona clavus		LC	
		丹氏牡丹珊瑚 Pavona danai		VU	
		厚板牡丹珊瑚 Pavona duerdeni		LC	
		变形牡丹珊瑚 Pavona explanulata		LC	
		叶形牡丹珊瑚 Pavona frondifera		LC	
		马岛牡丹珊瑚 Pavona maldivensis		LC	
		小牡丹珊瑚 Pavona minuta		NT	
		易变牡丹珊瑚 Pavona varians		LC	
		板叶牡丹珊瑚 Pavona venosa		VU	
星群珊瑚科 Astrocoeniidae	帛星珊瑚属 Palauastrea	多枝帛星珊瑚 Palauastrea ramosa		NT	
	柱群珊瑚属 Stylocoeniella	甲胄柱群珊瑚 Stylocoeniella armata		LC	
		科科斯柱群珊瑚 Stylocoeniella cocosensis	*	VU	
		罩胄柱群珊瑚 Stylocoeniella guentheri		LC	
筛珊瑚科 Coscinaraeidae	筛珊瑚属 Coscinaraea	柱形筛珊瑚 Coscinaraea columna		LC	
		吞噬筛珊瑚 Coscinaraea exesa		LC	
木珊瑚科 Dendrophylliidae	陀螺珊瑚属 Turbinaria	复叶陀螺珊瑚 Turbinaria frondens		LC	
		皱纹陀螺珊瑚 Turbinaria mesenterina		VU	
		盾形陀螺珊瑚 Turbinaria peltata		VU	
		肾形陀螺珊瑚 Turbinaria reniformis		VU	
		小星陀螺珊瑚 Turbinaria stellulata		VU	
双星珊瑚科 Diploastreidae	双星珊瑚属 Diploastrea	同双星珊瑚 Diploastrea heliopora		NT	
真叶珊瑚科 Euphylliidae	真叶珊瑚属 Euphyllia	联合真叶珊瑚 Euphyllia cristata		VU	
		滑真叶珊瑚 Euphyllia glabrescens		NT	
	纹叶珊瑚属 Fimbriaphyllia	肾形纹叶珊瑚 Fimbriaphyllia ancora		VU	Euphyllia ancora
		花散纹叶珊瑚 Fimbriaphyllia divisa		NT	Euphyllia divisa
	盔形珊瑚属 Galaxea	丛生盔形珊瑚 Galaxea fascicularis		NT	
		刺枝盔形珊瑚 Galaxea horrescens		LC	Acrhelia horrescens
		长片盔形珊瑚 Galaxea longisepta	*	NT	
		小片盔形珊瑚 Galaxea paucisepta	*	NT	
石芝珊瑚科 Fungiidae	梳石芝珊瑚属 Ctenactis	厚实梳石芝珊瑚 Ctenactis crassa		LC	
		刺梳石芝珊瑚 Ctenactis echinata		LC	
	圆饼珊瑚属 Cycloseris	摩卡圆饼珊瑚 Cycloseris mokai		LC	Lithophyllon mokai

续表

科 Family	属 Genus	种 Species	新记录种	IUCN 濒危等级	同物异名或拼写修订
石芝珊瑚科 Fungiidae	刺石芝珊瑚属 Danafungia	多刺石芝珊瑚 Danafungia horrida		LC	Fungia (Danafungia) horrida/danai/klunzingeri
		碓刺石芝珊瑚 Danafungia scruposa		LC	Fungia (Danafungia) scruposa/corona
	石芝珊瑚属 Fungia	石芝珊瑚 Fungia fungites		NT	Fungia (Fungia) fungites
	帽状珊瑚属 Halomitra	小帽状珊瑚 Halomitra pileus		LC	
	辐石芝珊瑚属 Heliofungia	辐石芝珊瑚 Heliofungia actiniformis		VU	
	绕石珊瑚属 Herpolitha	绕石珊瑚 Herpolitha limax		LC	
	石叶珊瑚属 Lithophyllon	和谐石叶珊瑚 Lithophyllon concinna		LC	Fungia (Verrilofungia) concinna
		弯石叶珊瑚 Lithophyllon repanda		LC	Fungia (Verrilofungia) repanda
		鳞状石叶珊瑚 Lithophyllon scabra		LC	Fungia (Verrilofungia) scabra
		波形石叶珊瑚 Lithophyllon undulatum		NT	
	叶芝珊瑚属 Lobactis	楯形叶芝珊瑚 Lobactis scutaria		LC	Fungia (Lobactis) scutaria
	侧石芝珊瑚属 Pleuractis	颗粒侧石芝珊瑚 Pleuractis granulosa		LC	Fungia (Wellsofungia) granulosa
		波莫特侧石芝珊瑚 Pleuractis paumotensis		LC	Fungia (Pleuractis) paumotensis
	足柄珊瑚属 Podabacia	壳形足柄珊瑚 Podabacia crustacea		LC	
		兰卡足柄珊瑚 Podabacia lankaensis	*	LC	
	多叶珊瑚属 Polyphyllia	多叶珊瑚 Polyphyllia talpina		LC	
	履形珊瑚属 Sandalolitha	健壮履形珊瑚 Sandalolitha robusta		LC	
未定科 incertae sedis	小星珊瑚属 Leptastrea	粗突小星珊瑚 Leptastrea botta		NT	
		不均小星珊瑚 Leptastrea inaequalis		NT	
		白斑小星珊瑚 Leptastrea pruinosa		LC	
		紫小星珊瑚 Leptastrea purpurea		LC	
		横小星珊瑚 Leptastrea transversa		LC	
	鳞泡珊瑚属 Physogyra	轻巧鳞泡珊瑚 Physogyra lichtensteini		VU	
		分枝泡囊珊瑚 Plerogyra simplex	*	NT	
		泡囊珊瑚 Plerogyra sinuosa		NT	
叶状珊瑚科 Lobophylliidae	棘星珊瑚属 Acanthastrea	刺状棘星珊瑚 Acanthastrea brevis	*	VU	
		棘星珊瑚 Acanthastrea echinata		LC	
		厚片棘星珊瑚 Acanthastrea pachysepta		NT	Lobophyllia pachysepta
		圆盘棘星珊瑚 Acanthastrea rotundoflora		NT	
	缺齿珊瑚属 Cynarina	缺齿珊瑚 Cynarina lacrymalis		NT	
	刺叶珊瑚属 Echinophyllia	粗糙刺叶珊瑚 Echinophyllia aspera		LC	

科 Family	属 Genus	种 Species	新记录种	IUCN濒危等级	同物异名或拼写修订
叶状珊瑚科 Lobophylliidae	刺叶珊瑚属 Echinophyllia	小刺叶珊瑚 Echinophyllia echinoporoides		LC	
		平滑刺叶珊瑚 Echinophyllia glabra		LC	Oxypora glabra
		奥芬刺叶珊瑚 Echinophyllia orpheensis		LC	
		平展刺叶珊瑚 Echinophyllia patula		LC	
	同叶珊瑚属 Homophyllia	澳洲同叶珊瑚 Homophyllia australis	*	LC	Scolymia australis
	叶状珊瑚属 Lobophyllia	菌形叶状珊瑚 Lobophyllia agaricia		LC	Symphyllia agaricia
		伞房叶状珊瑚 Lobophyllia corymbosa		LC	
		矮小叶状珊瑚 Lobophyllia diminuta	*	VU	
		褶曲叶状珊瑚 Lobophyllia flabelliformis		VU	
		盔形叶状珊瑚 Lobophyllia hataii		LC	
		赫氏叶状珊瑚 Lobophyllia hemprichii		LC	
		石垣岛叶状珊瑚 Lobophyllia ishigakiensis	*	VU	Acanthastrea ishigakiensis
		辐射叶状珊瑚 Lobophyllia radians		LC	Symphyllia radians
		直纹叶状珊瑚 Lobophyllia recta		LC	Symphyllia recta
		粗大叶状珊瑚 Lobophyllia robusta		LC	
		斐济叶状珊瑚 Lobophyllia vitiensis		NT	Scolymia vitiensis
	小褶叶珊瑚属 Micromussa	规则小褶叶珊瑚 Micromussa regularis	*	VU	Acanthastrea regularis
	尖孔珊瑚属 Oxypora	粗棘尖孔珊瑚 Oxypora crassispinosa	*	LC	
		多刺尖孔珊瑚 Oxypora echinata		LC	Echinophyllia echinata
		撕裂尖孔珊瑚 Oxypora lacera		LC	
	拟刺叶珊瑚属 Paraechinophyllia	多变拟刺叶珊瑚 Paraechinophyllia variabilis	*	DD	
裸肋珊瑚科 Merulinidae	圆星珊瑚属 Astrea	曲圆星珊瑚 Astrea curta		LC	Montastrea curta
	干星珊瑚属 Caulastraea	弯干星珊瑚 Caulastraea curvata		VU	
		叉枝干星珊瑚 Caulastraea furcata		LC	
		短枝干星珊瑚 Caulastraea tumida		NT	
	腔星珊瑚属 Coelastrea	粗糙腔星珊瑚 Coelastrea aspera		LC	Goniastrea aspera
	刺星珊瑚属 Cyphastrea	阿加西刺星珊瑚 Cyphastrea agassizi		VU	
		碓突刺星珊瑚 Cyphastrea chalcidicum		LC	
		枝状刺星珊瑚 Cyphastrea decadia		LC	
		日本刺星珊瑚 Cyphastrea japonica		LC	
		小叶刺星珊瑚 Cyphastrea microphthalma		LC	
		锯齿刺星珊瑚 Cyphastrea serailia		LC	
	盘星珊瑚属 Dipsastraea	和平盘星珊瑚 Dipsastraea amicorum		LC	Barabattoia amicorum
		丹氏盘星珊瑚 Dipsastraea danai		LC	Favia danae
		似蜂巢盘星珊瑚 Dipsastraea faviaformis		VU	Acanthastrea faviaformis
		黄癣盘星珊瑚 Dipsastraea favus		LC	Favia favus
		向日葵盘星珊瑚 Dipsastraea helianthoides		NT	Favia helianthoides

科 Family	属 Genus	种 Species	新记录种	IUCN 濒危等级	同物异名或 拼写修订
裸肋珊瑚科 Merulinidae	盘星珊瑚属 Dipsastraea	蜥岛盘星珊瑚 *Dipsastraea lizardensis*		NT	*Favia lizardensis*
		海洋盘星珊瑚 *Dipsastraea maritima*		NT	*Favia maritima*
		马氏盘星珊瑚 *Dipsastraea marshae*	*	NT	*Favia marshae*
		翘齿盘星珊瑚 *Dipsastraea matthaii*		NT	*Favia matthaii*
		大盘星珊瑚 *Dipsastraea maxima*		NT	*Favia maxima*
		圆纹盘星珊瑚 *Dipsastraea pallida*		LC	*Favia pallida*
		罗图马盘星珊瑚 *Dipsastraea rotumana*		LC	*Favia rotumana*
		标准盘星珊瑚 *Dipsastraea speciosa*		LC	*Favia speciosa*
		截顶盘星珊瑚 *Dipsastraea truncatus*	*	LC	*Favia truncatus*
		美龙氏盘星珊瑚 *Dipsastraea veroni*		NT	*Favia veroni*
	刺孔珊瑚属 Echinopora	宝石刺孔珊瑚 *Echinopora gemmacea*		LC	
		丑刺孔珊瑚 *Echinopora horrida*		NT	
		薄片刺孔珊瑚 *Echinopora lamellosa*		LC	
		瘤突刺孔珊瑚 *Echinopora mammiformis*		NT	
		太平洋刺孔珊瑚 *Echinopora pacifica*		NT	*Echinopora pacificus*
		泰氏刺孔珊瑚 *Echinopora taylorae*	*	NT	
	角蜂巢珊瑚属 Favites	秘密角蜂巢珊瑚 *Favites abdita*		NT	
		克里蒙氏角蜂巢珊瑚 *Favites colemani*		NT	*Montastrea colemani*
		板叶角蜂巢珊瑚 *Favites complanata*		NT	
		多弯角蜂巢珊瑚 *Favites flexuosa*		NT	
		海孔角蜂巢珊瑚 *Favites halicora*		NT	
		大角蜂巢珊瑚 *Favites magnistellata*		NT	*Montastraea magnistellata*
		五边角蜂巢珊瑚 *Favites pentagona*		LC	
		圆形角蜂巢珊瑚 *Favites rotundata*		NT	*Favia rotundata*
		齿状角蜂巢珊瑚 *Favites stylifera*		NT	
		华伦角蜂巢珊瑚 *Favites valenciennesii*		NT	*Montastraea valenciennesi*
		巨型角蜂巢珊瑚 *Favites vasta*	*	NT	
	菊花珊瑚属 Goniastrea	埃氏菊花珊瑚 *Goniastrea edwardsi*		LC	
		似蜂巢菊花珊瑚 *Goniastrea favulus*		NT	
		小粒菊花珊瑚 *Goniastrea minuta*		NT	
		梳状菊花珊瑚 *Goniastrea pectinata*		LC	
		网状菊花珊瑚 *Goniastrea retiformis*		LC	
		带刺菊花珊瑚 *Goniastrea stelligera*		NT	*Favia stelligera*
	刺柄珊瑚属 Hydnophora	腐蚀刺柄珊瑚 *Hydnophora exesa*		NT	
		大刺柄珊瑚 *Hydnophora grandis*		LC	
		小角刺柄珊瑚 *Hydnophora microconos*		NT	
		硬刺柄珊瑚 *Hydnophora rigida*		LC	
	肠珊瑚属 Leptoria	不规则肠珊瑚 *Leptoria irregularis*		VU	
		弗利吉亚肠珊瑚 *Leptoria phrygia*		NT	
	裸肋珊瑚属 Merulina	阔裸肋珊瑚 *Merulina ampliata*		LC	
		粗裸肋珊瑚 *Merulina scabricula*		LC	

续表

科 Family	属 Genus	种 Species	新记录种	IUCN 濒危等级	同物异名或拼写修订
裸肋珊瑚科 Merulinidae	斜花珊瑚属 Mycedium	象鼻斜花珊瑚 Mycedium elephantotus		LC	
		曲边斜花珊瑚 Mycedium mancaoi		LC	
	耳纹珊瑚属 Oulophyllia	贝氏耳纹珊瑚 Oulophyllia bennettae		NT	
		卷曲耳纹珊瑚 Oulophyllia crispa		NT	
		平滑耳纹珊瑚 Oulophyllia levis		LC	
	拟菊花珊瑚属 Paragoniastrea	罗素拟菊花珊瑚 Paragoniastrea russelli		NT	Favites russelli
	拟圆菊珊瑚属 Paramontastraea	粗糙拟圆菊珊瑚 Paramontastraea salebrosa	*	VU	Montastrea salebrosa
	梳状珊瑚属 Pectinia	叉角梳状珊瑚 Pectinia alcicornis		VU	
		莴苣梳状珊瑚 Pectinia lactuca		VU	
		牡丹梳状珊瑚 Pectinia paeonia		NT	
	囊叶珊瑚属 Physophyllia	艾氏囊叶珊瑚 Physophyllia ayleni		NT	Pectinia ayleni
	扁脑珊瑚属 Platygyra	交替扁脑珊瑚 Platygyra crosslandi		NT	
		精巧扁脑珊瑚 Platygyra daedalea		LC	
		片扁脑珊瑚 Platygyra lamellina		NT	
		小扁脑珊瑚 Platygyra pini		LC	
		琉球扁脑珊瑚 Platygyra ryukyuensis		NT	
		中华扁脑珊瑚 Platygyra sinensis		LC	
		小业扁脑珊瑚 Platygyra verweyi		NT	
		八重山扁脑珊瑚 Platygyra yaeyamaensis		VU	
	葶叶珊瑚属 Scapophyllia	葶叶珊瑚 Scapophyllia cylindrica		LC	
同星珊瑚科 Plesiastreidae	同星珊瑚属 Plesiastrea	多孔同星珊瑚 Plesiastrea versipora		LC	
杯形珊瑚科 Pocilloporidae	杯形珊瑚属 Pocillopora	安氏杯形珊瑚 Pocillopora ankeli	*	VU	
		鹿角杯形珊瑚 Pocillopora damicornis		LC	
		埃氏杯形珊瑚 Pocillopora eydouxi		NT	
		多曲杯形珊瑚 Pocillopora meandrina		LC	
		疣状杯形珊瑚 Pocillopora verrucosa		LC	
		伍氏杯形珊瑚 Pocillopora woodjonesi		LC	
	排孔珊瑚属 Seriatopora	浅杯排孔珊瑚 Seriatopora caliendrum		NT	
		箭排孔珊瑚 Seriatopora hystrix		LC	
		星排孔珊瑚 Seriatopora stellata		NT	
	柱状珊瑚属 Stylophora	柱状珊瑚 Stylophora pistillata		NT	
		亚列柱状珊瑚 Stylophora subseriata		LC	
滨珊瑚科 Poritidae	伯孔珊瑚属 Bernardpora	斯氏伯孔珊瑚 Bernardpora stutchburyi		LC	Goniopora stutchburyi
	角孔珊瑚属 Goniopora	白锥角孔珊瑚 Goniopora albiconus	*		
		柱形角孔珊瑚 Goniopora columna		NT	
		大角孔珊瑚 Goniopora djiboutiensis			
		团块角孔珊瑚 Goniopora lobata			

科 Family	属 Genus	种 Species	新记录种	IUCN 濒危等级	同物异名或 拼写修订
滨珊瑚科 Poritidae	角孔珊瑚属 Goniopora	小角孔珊瑚 Goniopora minor		NT	
		诺福克角孔珊瑚 Goniopora norfolkensis		LC	
		潘多拉角孔珊瑚 Goniopora pandoraensis	*		
		柔软角孔珊瑚 Goniopora tenuidens		LC	
	滨珊瑚属 Porites	疣滨珊瑚 Porites annae		LC	
		渐尖滨珊瑚 Porites attenuata		VU	
		澳洲滨珊瑚 Porites australiensis		LC	
		细柱滨珊瑚 Porites cylindrica		NT	Porites andrewsi
		水平滨珊瑚 Porites horizontalata		VU	
		盘枝滨珊瑚 Porites latistella		LC	
		地衣滨珊瑚 Porites lichen		LC	
		团块滨珊瑚 Porites lobata		NT	
		澄黄滨珊瑚 Porites lutea		LC	
		梅氏滨珊瑚 Porites mayeri		LC	
		巨锥滨珊瑚 Porites monticulosa		LC	
		莫氏滨珊瑚 Porites murrayensis		NT	
		短枝滨珊瑚 Porites negrosensis		NT	
		灰黑滨珊瑚 Porites nigrescens		VU	
		火焰滨珊瑚 Porites rus		LC	
		结节滨珊瑚 Porites tuberculosus	*	VU	Porites tuberculosa
		华氏滨珊瑚 Porites vaughani		LC	
沙珊瑚科 Psammocoridae	沙珊瑚属 Psammocora	毗邻沙珊瑚 Psammocora contigua		NT	Psammocora obtusangula
		海氏沙珊瑚 Psammocora haimiana		NT	Psammocora digitata
		不等脊塍沙珊瑚 Psammocora nierstraszi		LC	
		深室沙珊瑚 Psammocora profundacella		LC	Psammocora superficialis/haimeana

中文名索引

A

阿加西刺星珊瑚	166
埃氏杯形珊瑚	210
埃氏菊花珊瑚	186
矮小叶状珊瑚	153
艾氏囊叶珊瑚	199
安氏杯形珊瑚	209
凹凸薄层珊瑚	83
奥芬刺叶珊瑚	150
澳洲滨珊瑚	113
澳洲同叶珊瑚	151

B

八重山扁脑珊瑚	204
巴拉望蔷薇珊瑚	71
巴氏鹿角珊瑚	18
白斑小星珊瑚	222
白锥角孔珊瑚	107
斑星蔷薇珊瑚	73
板叶角蜂巢珊瑚	182
板叶牡丹珊瑚	93
半球星孔珊瑚	58
薄层珊瑚属	80
薄片刺孔珊瑚	178
宝石刺孔珊瑚	177
杯形蔷薇珊瑚	62
杯形珊瑚科	208
杯形珊瑚属	209
杯状同孔珊瑚	59
贝氏耳纹珊瑚	194
鼻形鹿角珊瑚	41
扁脑珊瑚属	199
变形牡丹珊瑚	90
变形蔷薇珊瑚	69
标准厚丝珊瑚	87
标准鹿角珊瑚	37
标准盘星珊瑚	175
滨珊瑚科	105
滨珊瑚属	112
波莫特侧石芝珊瑚	140
波形蔷薇珊瑚	76
波形石叶珊瑚	139
伯孔珊瑚属	106
帛星珊瑚属	123
不等脊脞沙珊瑚	218
不规则肠珊瑚	191
不均小星珊瑚	221

C

侧石芝珊瑚属	140
叉角梳状珊瑚	197
叉枝干星珊瑚	164
长片盔形珊瑚	104
肠珊瑚属	191
澄黄滨珊瑚	116
齿状角蜂巢珊瑚	185
赤岛鹿角珊瑚	49
丑刺孔珊瑚	177
丑鹿角珊瑚	21
次生鹿角珊瑚	20
刺柄珊瑚属	189
刺孔珊瑚属	177
刺鹿角珊瑚	18
刺石芝珊瑚属	133
刺梳石芝珊瑚	131
刺星珊瑚属	166
刺叶珊瑚属	148
刺枝盔形珊瑚	103
刺枝鹿角珊瑚	15
刺状棘星珊瑚	145
丛生盔形珊瑚	102
粗糙刺叶珊瑚	148
粗糙拟圆菊珊瑚	197
粗糙腔星珊瑚	165
粗大叶状珊瑚	157
粗棘尖孔珊瑚	159
粗裸肋珊瑚	193
粗突小星珊瑚	221
粗野鹿角珊瑚	26

D

大刺柄珊瑚	190
大角蜂巢珊瑚	183
大角孔珊瑚	108
大盘星珊瑚	174
带刺菊花珊瑚	189
丹氏牡丹珊瑚	89
丹氏盘星珊瑚	170
单独鹿角珊瑚	17
单星蔷薇珊瑚	70
地衣滨珊瑚	115
兜状星孔珊瑚	54
短小鹿角珊瑚	21
短枝滨珊瑚	119
短枝干星珊瑚	165
碓刺石芝珊瑚	134
碓突刺星珊瑚	166
盾形陀螺珊瑚	96
楯形叶芝珊瑚	139
多变拟刺叶珊瑚	161
多刺尖孔珊瑚	159
多刺石芝珊瑚	133
多棘鹿角珊瑚	23
多孔鹿角珊瑚	13
多孔同星珊瑚	207
多盘鹿角珊瑚	46
多曲杯形珊瑚	211
多曲蔷薇珊瑚	69
多弯角蜂巢珊瑚	182
多星孔珊瑚	56
多叶珊瑚	142
多叶珊瑚属	142
多枝帛星珊瑚	123

E

耳纹珊瑚属	194

F

繁锦蔷薇珊瑚	64
繁枝鹿角珊瑚	38
方格鹿角珊瑚	15
斐济叶状珊瑚	158
分枝泡囊珊瑚	225
风信子鹿角珊瑚	29
弗利吉亚肠珊瑚	192
福贝假鹿角珊瑚	53
辐射合叶珊瑚	156
辐石芝珊瑚	136
辐石芝珊瑚属	136
辐叶薄层珊瑚	85
腐蚀刺柄珊瑚	189
复叶陀螺珊瑚	95

G

干星珊瑚属	164
高穴孔珊瑚	52
谷鹿角珊瑚	40
管形薄层珊瑚	84
灌丛鹿角珊瑚	29
规则小褶叶珊瑚	158

H

海孔角蜂巢珊瑚	183
海绵穴孔珊瑚	53
海氏沙珊瑚	218
海洋盘星珊瑚	172
和平盘星珊瑚	169
和谐石叶珊瑚	137
贺氏蔷薇珊瑚	68
赫氏叶状珊瑚	155
横小星珊瑚	223
厚板牡丹珊瑚	89
厚板蔷薇珊瑚	68
厚片棘星珊瑚	146
厚实梳石芝珊瑚	131
厚丝珊瑚属	86
花柄鹿角珊瑚	28
花鹿角珊瑚	20
花散纹叶珊瑚	101
华伦角蜂巢珊瑚	185
华伦鹿角珊瑚	40
华氏滨珊瑚	121
华氏鹿角珊瑚	23
滑真叶珊瑚	100
环形薄层珊瑚	80
黄癣盘星珊瑚	171
灰黑滨珊瑚	119
火焰滨珊瑚	120

J

基尔斯蒂鹿角珊瑚	22
棘鹿角珊瑚	19
棘星珊瑚	146
棘星珊瑚属	145
加德纹珊瑚	79
加德纹珊瑚属	79
佳丽鹿角珊瑚	14
甲胄柱群珊瑚	123
假鹿角珊瑚属	53
尖孔珊瑚属	159
尖锐鹿角珊瑚	30
坚实薄层珊瑚	83
简单鹿角珊瑚	48
健壮履形珊瑚	143
渐尖滨珊瑚	112
箭排孔珊瑚	213
交替扁脑珊瑚	199
角蜂巢珊瑚属	181
角孔珊瑚属	107
角枝蔷薇珊瑚	61
杰氏鹿角珊瑚	34
结节滨珊瑚	120
结节蔷薇珊瑚	74
截顶盘星珊瑚	176
截顶蔷薇珊瑚	73
精巧扁脑珊瑚	200
菊花珊瑚属	186
巨型角蜂巢珊瑚	186
巨枝鹿角珊瑚	39
巨锥滨珊瑚	118
巨锥鹿角珊瑚	26
锯齿刺星珊瑚	168
卷曲耳纹珊瑚	195
菌珊瑚科	78
菌形叶状珊瑚	152

K

卡罗鹿角珊瑚	32
卡氏穴孔珊瑚	52
科科斯柱群珊瑚	124
颗粒侧石芝珊瑚	140
颗粒鹿角珊瑚	33
克里蒙氏角蜂巢珊瑚	181
宽片鹿角珊瑚	41
盔形珊瑚属	102
盔形叶状珊瑚	154
阔裸肋珊瑚	192

L

兰卡足柄珊瑚	141
蓝德尔星孔珊瑚	57
浪花鹿角珊瑚	28
类菌薄层珊瑚	82
联合真叶珊瑚	100
两叉鹿角珊瑚	16
鳞泡珊瑚属	224
鳞状石叶珊瑚	138
琉球扁脑珊瑚	202
瘤突刺孔珊瑚	179
龙骨蔷薇珊瑚	63
鹿角杯形珊瑚	209
鹿角珊瑚科	12
鹿角珊瑚属	13
履形珊瑚属	143
罗肯鹿角珊瑚	35
罗素拟菊花珊瑚	196
罗图马盘星珊瑚	175
裸肋珊瑚科	162
裸肋珊瑚属	192

M

马岛牡丹珊瑚	91
马氏盘星珊瑚	173
脉状蔷薇珊瑚	76
帽状珊瑚属	136
梅氏滨珊瑚	117
美丽鹿角珊瑚	39
美龙氏盘星珊瑚	176
秘密角蜂巢珊瑚	181
摩卡圆饼珊瑚	132
莫氏滨珊瑚	118
牡丹珊瑚属	88
牡丹梳状珊瑚	198
木珊瑚科	94

N

囊叶珊瑚属	199
拟刺叶珊瑚属	161
拟菊花珊瑚属	196
拟圆菊珊瑚属	197
诺福克角孔珊瑚	109

P

排孔珊瑚属	213
潘多拉角孔珊瑚	110
盘星珊瑚属	169
盘枝滨珊瑚	114
盘枝鹿角珊瑚	31
泡囊珊瑚	225
泡囊珊瑚属	225
膨胀蔷薇珊瑚	75
毗邻沙珊瑚	217
片扁脑珊瑚	201
平滑刺叶珊瑚	150
平滑耳纹珊瑚	196
平展刺叶珊瑚	151
匍匐鹿角珊瑚	45

Q

奇枝鹿角珊瑚	36
潜伏星孔珊瑚	56
浅杯排孔珊瑚	213
浅盘鹿角珊瑚	32
浅窝蔷薇珊瑚	65
腔星珊瑚属	165
强壮鹿角珊瑚	43
蔷薇珊瑚属	60
壳形足柄珊瑚	141
壳状薄层珊瑚	81
翘齿盘星珊瑚	173
青灰蔷薇珊瑚	66
轻巧鳞泡珊瑚	224
丘突鹿角珊瑚	44
球形牡丹珊瑚	88
曲边斜花珊瑚	194
曲圆星珊瑚	163
缺齿珊瑚	147
缺齿珊瑚属	147

R

绕石珊瑚	137
绕石珊瑚属	137
日本刺星珊瑚	167
柔软角孔珊瑚	111
柔枝鹿角珊瑚	50
乳突鹿角珊瑚	14
瑞图萨鹿角珊瑚	27

S

萨摩亚鹿角珊瑚	27
伞房叶状珊瑚	152
沙珊瑚科	216
沙珊瑚属	217
筛珊瑚科	125
筛珊瑚属	126
栅列同孔珊瑚	60
深室沙珊瑚	219
肾形陀螺珊瑚	97
肾形纹叶珊瑚	101
石松鹿角珊瑚	49
石叶珊瑚属	137
石垣岛叶状珊瑚	156
石芝珊瑚	135
石芝珊瑚科	130
石芝珊瑚属	135
梳石芝珊瑚属	131
梳状菊花珊瑚	188
梳状珊瑚属	197
双星珊瑚科	128
双星珊瑚属	129
水平滨珊瑚	114
斯氏伯孔珊瑚	106
撕裂尖孔珊瑚	160
似蜂巢菊花珊瑚	187
似蜂巢盘星珊瑚	170
松枝同孔珊瑚	58
穗枝鹿角珊瑚	42

T

太平洋刺孔珊瑚	180
泰氏刺孔珊瑚	180
葶叶珊瑚	205
葶叶珊瑚属	205
同孔珊瑚属	58
同双星珊瑚	129
同星珊瑚科	206
同星珊瑚属	207
同叶珊瑚属	151
团块滨珊瑚	115
团块角孔珊瑚	108
吞噬筛珊瑚	127
陀螺珊瑚属	95

W

弯干星珊瑚	164
弯石叶珊瑚	138
网状菊花珊瑚	188
威氏鹿角珊瑚	37
微孔蔷薇珊瑚	72
纹叶珊瑚属	101
莴苣梳状珊瑚	198
五边角蜂巢珊瑚	184
伍氏杯形珊瑚	212

X

西沙珊瑚	79
西沙珊瑚属	79
蜥岛盘星珊瑚	172
细疣蔷薇珊瑚	77
细枝鹿角珊瑚	31
细柱滨珊瑚	113
仙掌蔷薇珊瑚	62
向日葵盘星珊瑚	171
象鼻斜花珊瑚	193
小扁脑珊瑚	202
小刺叶珊瑚	149
小丛鹿角珊瑚	51
小角刺柄珊瑚	190
小角孔珊瑚	109
小粒菊花珊瑚	187
小帽状珊瑚	136
小牡丹珊瑚	91
小片盔形珊瑚	104
小星珊瑚属	221
小星陀螺珊瑚	98
小业扁脑珊瑚	203
小叶刺星珊瑚	168
小叶鹿角珊瑚	22
小褶叶珊瑚属	158
楔形同孔珊瑚	59
斜花珊瑚属	193
星孔珊瑚属	54
星排孔珊瑚	214
星群珊瑚科	122
穴孔珊瑚属	52

Y

芽突厚丝珊瑚	86
芽枝鹿角珊瑚	25
亚列柱状珊瑚	215
杨氏鹿角珊瑚	50
叶形牡丹珊瑚	90
叶芝珊瑚属	139
叶状薄层珊瑚	81
叶状厚丝珊瑚	86
叶状蔷薇珊瑚	65
叶状珊瑚科	144
叶状珊瑚属	152
易变牡丹珊瑚	92
翼形蔷薇珊瑚	71
瘿叶蔷薇珊瑚	60
硬刺柄珊瑚	191
疣滨珊瑚	112
疣突蔷薇珊瑚	77
疣星孔珊瑚	55
疣状杯形珊瑚	212
圆饼珊瑚属	132
圆目星孔珊瑚	57
圆盘棘星珊瑚	147
圆突蔷薇珊瑚	63
圆纹盘星珊瑚	174
圆星珊瑚属	163
圆形角蜂巢珊瑚	184
圆锥鹿角珊瑚	30

Z

罩胄柱群珊瑚	124
褶曲叶状珊瑚	153
真叶珊瑚科	99
真叶珊瑚属	100
枝状刺星珊瑚	167
直纹合叶珊瑚	157
直枝蔷薇珊瑚	61
指蔷薇珊瑚	72
指形鹿角珊瑚	24
指状蔷薇珊瑚	64
中华扁脑珊瑚	203
中间鹿角珊瑚	45
皱纹厚丝珊瑚	87
皱纹陀螺珊瑚	95
柱节蔷薇珊瑚	70
柱群珊瑚属	123
柱形角孔珊瑚	107
柱形牡丹珊瑚	88
柱形筛珊瑚	126
柱状珊瑚	214
柱状珊瑚属	214
壮实鹿角珊瑚	47
紫小星珊瑚	222
鬃刺蔷薇珊瑚	67
足柄珊瑚属	141

拉丁名索引

A

Acanthastrea	145
Acanthastrea brevis	145
Acanthastrea echinata	146
Acanthastrea pachysepta	146
Acanthastrea rotundoflora	147
Acropora	13
Acropora abrotanoides	44
Acropora aculeus	30
Acropora acuminata	38
Acropora akajimensis	49
Acropora anthoceris	28
Acropora austera	48
Acropora batunai	18
Acropora carduus	18
Acropora caroliniana	32
Acropora cerealis	40
Acropora clathrata	15
Acropora cytherea	28
Acropora digitifera	24
Acropora divaricata	16
Acropora echinata	19
Acropora florida	20
Acropora gemmifera	25
Acropora grandis	39
Acropora granulosa	33
Acropora horrida	21
Acropora humilis	26
Acropora hyacinthus	29
Acropora intermedia	45
Acropora jacquelineae	34
Acropora kirstyae	22
Acropora latistella	31
Acropora lokani	35
Acropora loripes	36
Acropora lutkeni	41
Acropora microclados	29
Acropora microphthalma	22
Acropora millepora	13
Acropora monticulosa	26
Acropora multiacuta	23
Acropora muricata	39
Acropora nana	31
Acropora nasuta	41
Acropora palmerae	45
Acropora paniculata	30
Acropora papillare	14
Acropora polystoma	46
Acropora pulchra	14
Acropora retusa	27
Acropora robusta	47
Acropora samoensis	27
Acropora sarmentosa	21
Acropora secale	42
Acropora selago	49
Acropora solitaryensis	17
Acropora speciosa	37
Acropora spicifera	15
Acropora subglabra	20
Acropora subulata	32
Acropora tenuis	50
Acropora valenciennesi	40
Acropora valida	43
Acropora vaughani	23
Acropora verweyi	51
Acropora willisae	37
Acropora yongei	50
Acroporidae	12
Agariciidae	78
Alveopora	52
Alveopora cataliai	52
Alveopora excelsa	52
Alveopora spongiosa	53
Anacropora	53
Anacropora forbesi	53
Astrea	163
Astrea curta	163
Astreopora	54
Astreopora cucullata	54
Astreopora gracilis	55
Astreopora listeri	56
Astreopora myriophthalma	56
Astreopora ocellata	57
Astreopora randalli	57
Astreopora suggesta	58
Astrocoeniidae	122

B

Bernardpora	106
Bernardpora stutchburyi	106

C

Caulastraea	164
Caulastraea curvata	164
Caulastraea furcata	164
Caulastraea tumida	165
Coelastrea	165
Coelastrea aspera	165
Coeloseris	79
Coeloseris mayeri	79
Coscinaraea	126
Coscinaraea columna	126
Coscinaraea exesa	127
Coscinaraeidae	125
Ctenactis	131
Ctenactis crassa	131
Ctenactis echinata	131
Cycloseris	132
Cycloseris mokai	132
Cynarina	147
Cynarina lacrymalis	147
Cyphastrea	166
Cyphastrea agassizi	166
Cyphastrea chalcidicum	166
Cyphastrea decadia	167
Cyphastrea japonica	167
Cyphastrea microphthalma	168
Cyphastrea serailia	168

D

Danafungia	133
Danafungia horrida	133
Danafungia scruposa	134
Dendrophylliidae	94
Diploastrea	129
Diploastrea heliopora	129
Diploastreidae	128
Dipsastraea	169
Dipsastraea amicorum	169
Dipsastraea danai	170
Dipsastraea faviaformis	170
Dipsastraea favus	171
Dipsastraea helianthoides	171
Dipsastraea lizardensis	172
Dipsastraea maritima	172
Dipsastraea marshae	173
Dipsastraea matthaii	173
Dipsastraea maxima	174
Dipsastraea pallida	174
Dipsastraea rotumana	175
Dipsastraea speciosa	175
Dipsastraea truncata	176
Dipsastraea veroni	176

E

Echinophyllia	148

Echinophyllia aspera 148	*Goniopora djiboutiensis* 108	*Lobophyllia* 152
Echinophyllia echinoporoides 149	*Goniopora lobata* 108	*Lobophyllia agaricia* 152
Echinophyllia glabra 150	*Goniopora minor* 109	*Lobophyllia corymbosa* 152
Echinophyllia orpheensis 150	*Goniopora norfolkensis* 109	*Lobophyllia diminuta* 153
Echinophyllia patula 151	*Goniopora pandoraensis* 110	*Lobophyllia flabelliformis* 153
Echinopora 177	*Goniopora tenuidens* 111	*Lobophyllia hataii* 154
Echinopora gemmacea 177		*Lobophyllia hemprichii* 155
Echinopora horrida 177	**H**	*Lobophyllia ishigakiensis* 156
Echinopora lamellosa 178	*Halomitra* 136	*Lobophyllia radians* 156
Echinopora mammiformis 179	*Halomitra pileus* 136	*Lobophyllia recta* 157
Echinopora pacifica 180	*Heliofungia* 136	*Lobophyllia robusta* 157
Echinopora taylorae 180	*Heliofungia actiniformis* 136	*Lobophyllia vitiensis* 158
Euphyllia 100	*Herpolitha* 137	Lobophylliidae 144
Euphyllia cristata 100	*Herpolitha limax* 137	
Euphyllia glabrescens 100	*Homophyllia* 151	**M**
Euphylliidae 99	*Homophyllia australis* 151	*Merulina* 192
	Hydnophora 189	*Merulina ampliata* 192
F	*Hydnophora exesa* 189	*Merulina scabricula* 193
Favites 181	*Hydnophora grandis* 190	Meruliniidae 162
Favites abdita 181	*Hydnophora microconos* 190	*Micromussa* 158
Favites colemani 181	*Hydnophora rigida* 191	*Micromussa regularis* 158
Favites complanata 182		*Montipora* 60
Favites flexuosa 182	**I**	*Montipora aequituberculata* 60
Favites halicora 183	*Isopora* 58	*Montipora altasepta* 61
Favites magnistellata 183	*Isopora brueggemanni* 58	*Montipora angulata* 61
Favites pentagona 184	*Isopora crateriformis* 59	*Montipora cactus* 62
Favites rotundata 184	*Isopora cuneata* 59	*Montipora caliculata* 62
Favites stylifera 185	*Isopora palifera* 60	*Montipora carinata* 63
Favites valenciennesii 185		*Montipora danae* 63
Favites vasta 186	**L**	*Montipora digitata* 64
Fimbriaphyllia 101	*Leptastrea* 221	*Montipora efflorescens* 64
Fimbriaphyllia ancora 101	*Leptastrea bottae* 221	*Montipora foliosa* 65
Fimbriaphyllia divisa 101	*Leptastrea inaequalis* 221	*Montipora foveolata* 65
Fungia 135	*Leptastrea pruinosa* 222	*Montipora grisea* 66
Fungia fungites 135	*Leptastrea purpurea* 222	*Montipora hispida* 67
Fungiidae 130	*Leptastrea transversa* 223	*Montipora hoffmeisteri* 68
	Leptoria 191	*Montipora incrassata* 68
G	*Leptoria irregularis* 191	*Montipora informis* 69
Galaxea 102	*Leptoria phrygia* 192	*Montipora maeandrina* 69
Galaxea fascicularis 102	*Leptoseris* 80	*Montipora monasteriata* 70
Galaxea horrescens 103	*Leptoseris explanata* 80	*Montipora nodosa* 70
Galaxea longisepta 104	*Leptoseris foliosa* 81	*Montipora palawanensis* 71
Galaxea paucisepta 104	*Leptoseris incrustans* 81	*Montipora peltiformis* 71
Gardineroseris 79	*Leptoseris mycetoseroides* 82	*Montipora porites* 72
Gardineroseris planulata 79	*Leptoseris scabra* 83	*Montipora samarensis* 72
Goniastrea 186	*Leptoseris solida* 83	*Montipora stellata* 73
Goniastrea edwardsi 186	*Leptoseris tubulifera* 84	*Montipora truncata* 73
Goniastrea favulus 187	*Leptoseris yabei* 85	*Montipora tuberculosa* 74
Goniastrea minuta 187	*Lithophyllon* 137	*Montipora turgescens* 75
Goniastrea pectinata 188	*Lithophyllon concinna* 137	*Montipora undata* 76
Goniastrea retiformis 188	*Lithophyllon repanda* 138	*Montipora venosa* 76
Goniastrea stelligera 189	*Lithophyllon scabra* 138	*Montipora verrucosa* 77
Goniopora 107	*Lithophyllon undulatum* 139	*Montipora verruculosa* 77
Goniopora albiconus 107	*Lobactis* 139	*Mycedium* 193
Goniopora columna 107	*Lobactis scutaria* 139	*Mycedium elephantotus* 193

Mycedium mancaoi	194	*Physogyra lichtensteini*	224	*Porites lobata*	115
		Physophyllia	199	*Porites lutea*	116

O

		Physophyllia ayleni	199	*Porites mayeri*	117
Oulophyllia	194	*Platygyra*	199	*Porites monticulosa*	118
Oulophyllia bennettae	194	*Platygyra crosslandi*	199	*Porites murrayensis*	118
Oulophyllia crispa	195	*Platygyra daedalea*	200	*Porites negrosensis*	119
Oulophyllia levis	196	*Platygyra lamellina*	201	*Porites nigrescens*	119
Oxypora	159	*Platygyra pini*	202	*Porites rus*	120
Oxypora crassispinosa	159	*Platygyra ryukyuensis*	202	*Porites tuberculosus*	120
Oxypora echinata	159	*Platygyra sinensis*	203	*Porites vaughani*	121
Oxypora lacera	160	*Platygyra verweyi*	203	Poritidae	105
		Platygyra yaeyamaensis	204	*Psammocora*	217

P

		Plerogyra	225	*Psammocora contigua*	217
Pachyseris	86	*Plerogyra simplex*	225	*Psammocora haimiana*	218
Pachyseris foliosa	86	*Plerogyra sinuosa*	225	*Psammocora nierstraszi*	218
Pachyseris gemmae	86	*Plesiastrea*	207	*Psammocora profundacella*	219
Pachyseris rugosa	87	*Plesiastrea versipora*	207	Psammocoridae	216
Pachyseris speciosa	87	Plesiastreidae	206		

S

Palauastrea	123	*Pleuractis*	140	*Sandalolitha*	143
Palauastrea ramosa	123	*Pleuractis granulosa*	140	*Sandalolitha robusta*	143
Paraechinophyllia	161	*Pleuractis paumotensis*	140	*Scapophyllia*	205
Paraechinophyllia variabilis	161	*Pocillopora*	209	*Scapophyllia cylindrica*	205
Paragoniastrea	196	*Pocillopora ankeli*	209	*Seriatopora*	213
Paragoniastrea russelli	196	*Pocillopora damicornis*	209	*Seriatopora caliendrum*	213
Paramontastraea	197	*Pocillopora eydouxi*	210	*Seriatopora hystrix*	213
Paramontastraea salebrosa	197	*Pocillopora meandrina*	211	*Seriatopora stellata*	214
Pavona	88	*Pocillopora verrucosa*	212	*Stylocoeniella*	123
Pavona cactus	88	*Pocillopora woodjonesi*	212	*Stylocoeniella armata*	123
Pavona clavus	88	Pocilloporidae	208	*Stylocoeniella cocosensis*	124
Pavona danai	89	*Podabacia*	141	*Stylocoeniella guentheri*	124
Pavona duerdeni	89	*Podabacia crustacea*	141	*Stylophora*	214
Pavona explanulata	90	*Podabacia lankaensis*	141	*Stylophora pistillata*	214
Pavona frondifera	90	*Polyphyllia*	142	*Stylophora subseriata*	215
Pavona maldivensis	91	*Polyphyllia talpina*	142		

T

Pavona minuta	91	*Porites*	112		
Pavona varians	92	*Porites annae*	112	*Turbinaria*	95
Pavona venosa	93	*Porites attenuata*	112	*Turbinaria frondens*	95
Pectinia	197	*Porites australiensis*	113	*Turbinaria mesenterina*	95
Pectinia alcicornis	197	*Porites cylindrica*	113	*Turbinaria peltata*	96
Pectinia lactuca	198	*Porites horizontalata*	114	*Turbinaria reniformis*	97
Pectinia paeonia	198	*Porites latistellata*	114	*Turbinaria stellulata*	98
Physogyra	224	*Porites lichen*	115		